中国茶书

THE CHINA TEA BOOK

罗家霖 著

清华大学出版社
北京

图书在版编目（CIP）数据

中国茶书 / 罗家霖著. -- 北京 ：清华大学出版社，
2024. 11. -- ISBN 978-7-302-67493-1

Ⅰ. TS971.21

中国国家版本馆CIP数据核字第20245N7U87号

责任编辑：刘一琳
封面设计：罗家霖
责任校对：王淑云
责任印制：杨　艳

出版发行：清华大学出版社
　　　　网　　址：https://www.tup.com.cn，https://www.wqxuetang.com
　　　　地　　址：北京清华大学学研大厦 A 座　　邮　编：100084
　　　　社 总 机：010-83470000　　　　　　　　邮　购：010-62786544
　　　　投稿与读者服务：010-62776969，c-service@tup.tsinghua.edu.cn
　　　　质量反馈：010-62772015，zhiliang@tup.tsinghua.edu.cn
印 装 者：北京博海升彩色印刷有限公司
经　　销：全国新华书店
开　　本：145mm×210mm　　　印　张：7.25　　　字　数：179 千字
版　　次：2024年11月第1版　　　　　　　　　　印　次：2024年11月第1次印刷
定　　价：78.00 元

产品编号：098537-01

序 朱青生

　　《中国茶书》是又一部现代《茶经》。上一部出自唐朝，作者陆羽，距今已逾千年。

　　当今世上茶书极多，少有用上下两卷五万言，说尽与茶相关事，以致一卷在手，诸事皆略知大概。此类图书，陆羽创其始，相隔很多年，终于有了这一部。

　　在这部茶书中，卷上说茶叶的来源与性质。对每种名茶，辨析其渊源，对比区别，直逼根本，旁及相关衍生茶事，每遇关键之处，都从亲尝亲历的切身体会中落笔。茶叶本是轻物，较量起来也有克敌制胜的当下判别，所以可视此卷为实战之秘诀。卷下说饮茶的文化与影响，涉及与茶相关的文物、仪礼、传说、诗词、书画、思维、想象、品味，以及不可言说之余韵。

　　茶排于日用七事之末，平常消饮解渴，朝夕相处，遍及百姓之家，本无关于时势兴衰。然而在现代日常之中，茶却被各式饮料取代。新型饮料或惑于流行，或泊自海外，或基于现代知识发展，当代饮食已不再以茶独尊。一群所谓风雅之人多以咖啡酒吧为念，其中或有茶，只做配角，多由西方植物水淬之概念得来，甚至谓"茶"者，亦即以水泡进任何一物所得之饮料也，此乃西风东渐西化之后果也；

年轻一代倍受现代快餐之影响，时间所迫，简食相逼，狼吞虎咽，所谓茶，也不过是迅速助以吞咽饭食之津唾，此乃现代化之必然也。饮茶之事，可以追古寻源，已成着意为之的传统文化之一途，平常却又不同于平常也。

茶叶之用由中国而流布海外，然而关于茶的文化未必全在中国。日本茶道借茶以调节人心，寄托禅意，由茶起而不仅限于茶，虽源于中土，却在庭园孤松之下、明月清风之间，与回味与开掘相依，把茶道带上超绝的道路。而中国的茶道在文化革命的扫荡之下已经辙乱印浅，失之久已，如今恢复的所谓茶道多所努力，或由日本回传而来，或以书本记载作典故，早已超出几句俗语反复，如"关公巡城""韩信点兵"，虽模仿痕迹处处显现，常以品茶故作清高，道貌岸然。所谓茶道不过是表演与生意之道的辅助而已。有沉潜博大之士，一意复兴茶之文化，然偌大之中国尚无一处茶室可与江山风雨相侔，更惶涉及词心，而茶叶产地，已经开始兴建茶叶博物馆，茶事复兴有望。

这部茶书以中国茶汤本质的朴实深入来对应日本茶道的宽泛，说到沉痛处，也只能回忆往日之辉煌："君不见，中国人手中那杯持捧了千年的茶，正是因为经历了长久苦难的沉淀，才于芬芳中愈得唐时的浪漫、宋时的礼仪和明时的精简。"千年的中国茶道，未必只重茶汤，其与天道、人心之间的若即若离，仪式之隆重，方法之精致，虽一时难以尽皆恢复，如能追溯茶道之中国本源，参以世界各国茶习及饮仪，出入增减，必能重建规矩。我以为，茶正在经历现代转换，希望借此化出滋润天下、洗漱人心的芳流。

茶之兴衰所系，于今尤烈。皆为历史与文化的境遇，政治与经济的反映，茶之境况，国之境况也！近年中国已显崛起之势，万象更新，百废待兴，唯茶一事，更为风发。然而拜物风气，必先在茶与酒，茶之为物质，真可谓奢靡飘荡，尽把一个浮华世界冲泡得浓沫乱卷，异香飞扬，犹如当下人间，所有攀比、宣扬，皆着落于物事本身，或矫情于珍贵，或标榜于等级，一种俗气，弥盖万千，坐拥聚饮，常为私心之交易；几片茶叶竟可冲抵农家一生心血。当此之时，茶之兴，亦不能不心哀戚也。我所愿茶者，人人解渴，天下滋润也！

家霖随我读书，毕业之时曾以这部茶书示我。为之作序之时，我更想带他回我故乡。故乡有"天下第一泉"，可作成冲茶清水之极致。"天下第一泉"本来并不是一泓普通的泉水，而是淹没在大江缓流之中，下有泉水涌出，上有江水流过。善品茶者以为无水不成茶，长江万里，江头水太急则烈，江尾水太缓则拙。水汲于井则过静而沉，出于泉则过轻而玄，酝于江海则荡，吸于山渊则滞，必于此江水覆盖之下，山石耸越，邻近金山寺，山上古刹，曾是梁武建成水陆道场，祈祷天下苍生平安之梵呗钟声伴随汩汩不断流出，受其托付，何种茶叶不能广流千古？我虽生于长于天下第一泉近旁，然而半生漂泊，竟从来无缘一尝一勺此泉之水。江流变更，天下第一泉早已在岸上，泉池上如今重筑芙蓉楼，以应洛阳亲友相问，奉作"一片冰心"。读茶书之时，心中试问，何可与家霖同借天下一泉之水，得一壶茶，方可推敲书中的种种风流，配合此书意味，天下流行？然而如今家在千里之外，泉在梦中，唯有此书。乱用书中黄山谷诗意，略一改之，似可谓："恰如灯下，故人万里，对影疑似归来。口不能言，心下却在，亲近。"

茶叶引用成长于中国，乃出于天地之际会。茶之制作初始完功于中国，乃出于人民性格和生活之必需。茶之精微广大成其为文化于中国，乃与中国文化相始终。茶文化在现代化之际，虽可以回顾已有茶之已有成就，更应让人们在饮茶中竭尽创造，使得饮茶成为人们脱离传统规范、走向自身自觉的一种"无有存在"。一杯茶，何必非有茶？会当茶香杳绕，茶汤安然，茶味荡涤，茶意翻飞，天地之心会在水中凝聚而归于沉寂，再化作无垠，直接波涛万顷，汪洋恣肆，剔透洞穿之后，毕竟，洗尽滋味，犹留得只是一瓢白水。

2012 年端午
2024年修改于北京大学

引：从神话到现实

五六千年前的中原大地，正处于神话与历史交错的上古时代，炎黄子孙的祖先神农氏，正是在这个时期开启了中华民族之农业与医药文明。天生有着水晶肚的神农氏尝百草之滋味，通过观察透明躯腹里脏器的变化，以分辨不同植物的功效；一日遇七十二毒，得茶而解之。在人类文明遗留下来的弥远记忆里，这便是茶横空出世的最早印迹。

任历史盛衰分合，社会潮流始终不改其风云变幻之势，中国茶的制作与品饮方式也在千年里奇妙地转换着其形态。除了受到所处年代所风行之时尚的影响之外，中国茶道在浪漫而感性的显性氛围里，其总体变化之态势依然遵循着一种渐趋合理化和实用性的法则。煮茶之唐朝、点茶之宋朝、泡茶之明朝，便是这段漫长岁月中的三个重要进程。

在近古都西安的法门寺地宫出土的神秘遗物里，与释迦牟尼的食指舍利、传说中的秘色瓷及大食的琉璃器一同重睹天日的，即有唐代宫廷的制茶工具和饮茶器皿，多为金银所铸，无一不巧绝天工。此些岑寂穿越了一千多年的吉光片裘，终为我们印证了陆羽《茶经》中所记载的唐代茶道。

由于赵佶这位艺极于神的君主，宋代中国的茶道更而被推进至无与伦比的境地。这位帝王在政治上庸碌无为，不可君天下，但他的徽宗朝却成就了一个文人艺术家最为恣意的黄金时代。宋徽宗亲撰茶论，终日率领众臣浅唱低吟，茶宴不息，幻化茶百戏，行享斗茶之趣。如今日本的国粹抹茶道，便是沿袭宋代茶法发展而来，可视为宋代中国的茶道博物馆。

更具反差趣味的是，明代开朝皇帝朱元璋出身底层，故其治国尚俭，摈弃了前朝阳春白雪、烦琐奢侈的行茶执法，推广更加适合独饮、简单经济的瀹饮法，散茶泡饮的方法从而也沿用至今。明太祖的此番革新，其时亦是为了压制文人贵族借由茶会之聚的朋党政治，而其深远影响则是使得制茶成本降低且饮用方式简化，饮茶之俗在民间故而更为盛行，而中国的茶叶也从此能在更大程度上为世界所接纳。

在西方古典哲学中，康德将其内心的道德律并举于头顶的宇宙星河，而在中华民族的性格养成中，儒家对于道德的无上要求和道家的自然观亦如水乳之契。行茶之道正是中国人在自然与道德之间掌握着的微妙平衡，对中国人而言，茶叶是宇宙的不二馈赠，茶是自然之法，是世人之饮，亦是君子之饮，最宜精行俭德之人。

法门寺地宫出土的风炉、
银笼子、茶碾子、茶罗子
等宫廷茶具

目录

卷上

茶叶

括述

一杯茶，就是众缘合和的味道。每一杯茶都有其不同的性格和气质：绿茶像年轻人一般朝气蓬勃，黄茶比绿茶稍带懵懂，白茶更具不染人间烟火的超脱气质，乌龙茶有着中年人的成熟和稳重，红茶是人世间母性情怀的代表，而普洱茶则化为睿智而沧桑的老者。

茶树这一珍奇的物种在其故土中国，从南方地区伸延遍布到北方局部。一般而言，由南至北，茶树的叶子由大变小，阔如婴孩之手掌，细至古画中少女的眉线。而这些不同地区的茶树有成百上千种之多，每一种茶树，都有其最适合制作的茶叶类别。茶叶的种类便由此而纷繁各异。

　　虽然古人几乎未有产地之外的茶叶并类方式，但我们现代一般通过茶叶的发酵程度将其分为不同的茶类：绿茶为不发酵茶，黄茶与白茶皆可归于轻微发酵茶，乌龙茶是从低到高不同程度的部分发酵茶，而红茶属于全发酵茶，至于普洱茶，则应被称为后发酵茶。我们一般用嫩芽去制作绿茶、黄茶、白茶、红茶和优等的普洱茶，而用成熟的叶子去制作乌龙。我们还会将不同的茶叶揉捻成不同的形状，龙井如剑片锋利，碧螺春像螺母般柔曲，岩茶条索蓬松，而铁观音却是粒粒呈半球状。我们利用不同的鲜花，根据其独有气质，熏制入不同的茶叶里，让茶叶增加花朵的特性——最常见的是将茉莉花的芬芳熏进绿茶的清新之中，将桂花的馥郁窨入乌龙茶的深厚里。我们也会考虑是否将茶叶焙火及焙火到何等程度，此等工序一般会运用至部分乌龙茶中，如岩茶及凤凰单枞都是焙火茶的突出代表。

于是乎，因为这些工序的施加差异，不同的茶叶从而被赋予了不同的性格和气质。总体而言，绿茶像年轻人一般朝气蓬勃，黄茶比绿茶稍带懵懂，白茶更具不染人间烟火的超脱气质，乌龙茶有着中年人的成熟和稳重，红茶是人世间母性情怀的代表，而普洱茶则化为睿智而沧桑的老者。

经由发酵程度而区分出了六大茶类

茶类	茶名	人格化特征
绿茶	龙井	凛冽少年，轻寒料峭中衣衫尚薄，初出江湖不怕虎之势，不掩锋芒新显
	碧螺春	娇羞少女，半醒于人事，尚待闺阁。静时扇袖斜掩容，碎移莲步间香笑嫣然
	竹叶青	年轻的身体，拥有着大于自己年龄的淡定气质，举重若轻的落寞中，有着安静的力量。要理解这样与众不同的茶叶，需要更为细微、沉静、涵敛的心
	黄山毛峰	宛如中原长成的少年，更有泥土的质感，淡淡的兰花香是其英武中的书卷气。又如中原长成的少女，更有大家闺秀的气度，淡淡的兰花香是木兰贴着的花黄
	崂山绿茶	因为无拘束，他有顽石待琢的笨拙和鲁莽；因为昼夜的温差和海风的吹拂，他有不畏的强韧。这是一个漂泊最远，率真肆志，毫不觉独身远方的孩子
黄茶		他是与绿茶少年不知愁滋味的互补，是在抽节成长中初探世界时的不知所措，是想触碰又戛然收回的手。他比绿茶收抑了外显的张扬，多了尝试思考的迷茫与厚度
白茶		新制的白茶恰似孤绝的冷月，不食烟火般兀自淡泊存在。白毫银针身披的银毫略带寒光地悉数反射出世人的倾慕，晕针般的身躯更为其增添了若不经意间的仪式感
乌龙茶	铁观音	这是一位不易应对的成熟男子，带着世故、城府甚至一些圆滑的游戏感，细察中抑或有一些深藏的功与名
	冻顶乌龙	他比铁观音年龄感略低，兼具刚毅与一丝飘逸，有着砺世磨钝的青年之感，保持了一点不合群的孤独和归来仍少年的本真

茶类	茶名	人格化特征
乌龙茶	武夷岩茶	这是边塞诗中的一幕：他屹立在龙门客栈的大漠孤烟旁，他的衣袂卷席着黄沙，他的沉默振聋发聩，他如西部片中的牛仔般注定焦渴。他的岩韵是被风沙、骄阳和暴雨打磨的铮铮傲骨
	白毫乌龙	世人称其为娇艳的女性，英国女王誉其为东方美人。但他更如贾宝玉一样的男子，世间唯此无瑕美玉，只因粉渍脂痕太浓，让你嗅不清他。虫蝉着咬和芽茶发酵的无关常理，亦似贾宝玉重情破礼之乖张痴莽
窨花茶	茉莉香片	人海中赏心悦目的青春年少，尘世中常可遇的姣好皮囊。带着浅尝辄止的轻松感，尽可放眼向前，无须再顾回首
	桂花乌龙	这抹女人香的风情，在夜上海的幽暗蛊惑里，又或在弗拉明戈舞的裙摆间。在某一些时刻，她是你最好的红颜，不是知己；因为无须谈心，只用眉眼愉悦传情
红茶		世间最温柔博厚的女性——母亲之形象。她永远是最醇酽的营养供给者，默默付出而留由岁月刻画她的风韵。正山小种的松脂香，正如母亲在厨房厅堂串走中人间烟火的亲切味道
普洱茶	生茶	身着僧衣的小和尚，眼神中闪耀天地新奇，闯入世间的孩童与出世的身份，不定的未来与或可依循的青灯古佛途
	熟茶	超然尘外的老僧，无言中的世事洞明，最简化的形体和最深邃的内涵，最朴拙的外在和最空遄的精神

风之金骏眉

花之茉莉香片

雪之边销茶

月之月光白茶

学生课堂训练：茶的
视觉化之风花雪月
（熊晓翠作）

绿茶之竹林江湖

黄茶之麦兜的成长

白茶之定格时间

红茶之英伦格调

黑茶之外婆家土灶回忆

学生课堂训练：
茶的视觉化之六茶印象（吕睿作）

制 作

"皇天既孕此灵物兮，厚地复糅之而萌。"一杯茶，就是众缘合和的味道。从茶树的长成，到茶叶的制作，至茶汤的冲泡，你所品饮感受到的手边的这杯茶，实乃此大千世界中万般环节不断的结果。一颗茶树的种子落定后生根抽芽，继而是其所在地区的海拔空气、阳光雨露、共生植物、特定土壤，以及茶农给予的修整控制、松土覆盖、施肥除虫，成其为茶叶的先天条件；而茶叶的制作，则是之后至关重要的一步，可以说，茶叶的制作决定了某种茶叶几乎全部的后天特征；最终茶叶的冲泡，则在于如何通过不同的方式不同程度地表现某种茶叶某些方面的特点，从而获得一个平衡的味觉结果。

茶叶的制作是个复杂而难以标准化的过程，以步骤最多的部分发酵茶为例，主要包括如此环节：采青→萎凋→发酵→杀青→揉捻→干燥→熏花／焙火。而现实中茶叶制作的程序可以不止于此，也并非一成不变，诸多具体的茶叶也有其特殊的工艺和制茶者个人的风格化处理，本书此处仅列取几个重要的功能性环节进行解释。其中，采青、发酵、揉捻和焙火是影响茶叶个性风格的最关键因素。

英国画家 Thomas Allom（1804—1872）

转绘的清代中国之制茶场景

茶叶的制作步骤

采青	采摘茶树的新芽或新叶

绿茶、黄茶，以及上等的白茶、红茶和普洱茶多用芽茶，而乌龙茶则一般是叶茶。这便是为何绿茶泡开后叶底细嫩，而乌龙茶则叶底成熟。绿茶只在春天采摘；而红茶则可以在初夏采摘；乌龙茶除春茶之外，尚有一部分于秋冬采制；白毫乌龙由于其发酵度重于其他乌龙茶，同红茶一样适宜在夏季采制。

萎凋	让鲜叶丧失一部分水分

萎凋是发酵的必经之途，基本与发酵在同一时间发生，室外萎凋和室内萎凋之形式通常结合进行。一般而言，发酵越高则需要萎凋越重，因此无须发酵的绿茶也不再萎凋，而红茶则反之；但是重萎凋的茶叶却未必需要一致的发酵度，如白茶便是在极重萎凋中不可避免地产生了极轻发酵。

发酵	与空气发生氧化作用

发酵使茶形成其独特的色、香、味。绿茶不经发酵，黄茶和白茶有微弱的发酵过程，不同的乌龙茶从轻到重有不同的发酵度，而红茶则为接近百分之百的全发酵。区别于乌龙茶利用杀青控制其发酵度，普洱茶的后发酵是一种在杀青后方才开始慢慢发酵的特殊方式。

杀青	高温杀死叶细胞，停止发酵

绿茶、黄茶和乌龙茶通过炒青或蒸青等杀青方式使茶完全定格在一种我们希望的状态中。白茶则无杀青的工序，因此其状态在制成时并未定格，而是不断陈化经年。红茶则因为已然完全发酵，故而也不需要杀青。普洱茶的杀青和绿茶相当，其后发酵的动力主要来自微生物之支持。

揉捻　揉破叶细胞，并使茶叶成型

揉捻除使茶叶中的营养物质释放出来之外，还使茶叶产生不同的形状，如竹叶青之针形，岩茶之条状，冻顶之球粒。轻揉捻的茶叶清扬，绿茶一般为轻揉捻，白茶的传统制作方式则是不经揉捻；而重揉捻的茶叶低沉，红茶一般为重揉捻；不同的乌龙茶从轻到重有不同的揉捻度。普洱茶进行揉捻的一大意义则在于释放叶片内的活性物质，使其与空气结合以利于后发酵。

干燥　蒸发掉多余的水分

干燥使得茶性稳定下来。不同茶的干燥方式不同。如龙井在炒青的同时就完成了揉捻和干燥，白茶通过阳光晾晒或文火干燥，绝大部分的乌龙茶是在揉捻后单独加热干燥，而普洱若通过阳光暴晒干燥可达到最佳效果。

熏花　让茶叶吸收花香

熏花是窨花茶的制作方式，能使茶叶增加所熏花种的香味和功效。熏制的花型和茶叶需要匹配其风格和口味，比较常见的是用茉莉花或玫瑰入绿茶，用桂花或人参入乌龙等。

焙火　用火烘焙茶叶

焙火使得干茶和茶汤单从视觉效果上即已发生颜色之极大改变。而从味道上言，焙火越重，则茶越具熟香；从性能上讲，焙火越重，茶的寒凉之性则越低。一般只将一部分乌龙茶进行焙火，其中岩茶是焙火茶的典型代表。

从采青到初制完成，不同状态的茶叶一直传导着双手的温度

16

保 存

  茶叶的保质期和其保存条件息息相关。在保存得当的前提下，不发酵的绿茶可以放置一至两年甚至更久，而发酵度越高的茶，其保质期则相对越长。

  茶叶的保存首先要避光，因为光照很容易使茶叶发生陈化，丧失茶味。其次密封尤为重要，密封是为了隔离氧气、空气中的水分和异味。氧气极易使茶氧化，水汽易使茶回潮，故而我们使用避光材料包装茶叶并在其中置入干燥剂；茶叶不经意间就容易沾染异味，这是因其本身吸附性甚强，这也是我们为何选择用茶包来作除味剂，以及窨花茶得以制作的原理所在。最后，低温储藏可以使茶叶保持更久的茶味。

  我们在生活中常常可见真空包装的茶叶，这样的方式在极大程度上阻绝了空气与之接触及随之带来的氧化、回潮和吸味的可能，不失为一个储存良策，但并非所有的茶叶都适合采用这样的形式。真空包装的大部分对象是铁观音及台湾乌龙等呈半球或球状的茶叶，它们揉捻较重，抽空后的挤压也不会使干茶破碎。但如绿茶或岩茶这些揉捻较轻、成形蓬松的茶类，则不适用于真空包装，反而需要包装内有更多的空间作为缓冲，否则干茶会因紧塞而破碎，极大影响茶味。

  西式化的生活中更加常见的是便利而可直接袋泡的红茶，这是因为红茶的揉捻很重,且部分品类在后加工中本就有切碎的程序,所以无须担心挤压;另一个缘由则在于红茶的吸水率并不高,浸泡后湿茶的体积不会变化过大,所以无须为泡袋预留太多大于干茶的空间。试想,同样不怕挤压的铁观音或者台湾乌龙,叶底会因为很高的吸水率而膨胀伸展,如若要行之袋泡,那么泡袋则必须要预留更大的空间。因此传统上采用袋泡茶形式的一般是红茶或其他切碎的茶叶,但随着近年来技术材料的发展和市场多样化,多为菱角形的立体泡袋愈发常见,高吸水率的乌龙茶也因而可行袋泡之便。

诸茶类中普洱和白茶的保存方法则是特例。尽管陈化原理不尽相同,但它们都会随着时间的流逝而愈陈愈佳,这也就是为何市场上的普洱和白茶往往以陈放之年头标榜价格。普洱之制作成形,往往是紧压成饼、砖或沱茶,之后才在空气中慢慢开始其后发酵的新生。因此普洱的存放场所需要避光避味,但又应当适当通风,因其后发酵过程不能缺失空气的参与和一定的温度湿度条件。所以,普洱的包装裹缚也往往采用竹、纸、布等透气性能良好的传统材料;而如果要陈放白茶,包装和空间都需要相对密闭,湿度也应控制在一个比普洱茶更低的水平。

就功能意义而言,茶叶的保存是衔接茶叶制作和茶叶冲泡之间的环节。我们在茶叶选购时不仅对其品质进行了判断,同时也甄别了其保存状况,而在购得后也将继续善存直至冲泡时刻。当某一个季节天时已定、枝头茶叶待采,若剥离开体验和感受因素而只论技术层面,一杯茶汤的味道表现便主要取决于茶叶采制、保存和冲泡三个顺承的后大环节,前者制约后者又成就后者,这无形的因果流动便是如此使得制茶者、行销者和冲泡者三者环环关联了起来。

单枚普洱以宣纸贴饼包裹，再以天然竹箬裹覆七饼为一提

健　康

在世界三大无酒精饮料之中，茶叶对人的保健作用可谓最佳。暂不论古时的中国人对于茶叶的诸多经验性的描述，现代科学已然殊途同归地证明了这些观点，即较为精确地衡量出茶叶的具体成分并测定出其临床的功效。总的说来，茶叶中最有意义的保健成分主要有维生素、氨基酸和茶多酚，之外还包括咖啡因、矿物质、脂多糖、糖类、蛋白质和脂肪等。一般而言，维生素、氨基酸和茶多酚的含量均是绿茶最高，发酵度越高则含量相对越低。

茶叶中的水溶性维生素主要有维生素C和B族维生素。在日常生活里，我们对它们并不陌生，并会通过果蔬摄入，而茶叶中此类维生素的含量一般都大于等量的果蔬，但这并不意味着可以舍弃蔬果，毕竟我们对茶叶的摄入基量非常小。除了维生素C和B族维生素，茶叶还含有多种脂溶性维生素，比如其维生素A（胡萝卜素）的含量亦高于等量的胡萝卜，只不过因为非水溶的维生素A不能溶于茶汤，故而通过冲泡茶叶的方式难以使其为人体所吸收。不过，这一缺憾并非不能补救，我们在品饮抹茶或以茶入食的烹饪中皆可获取维生素A。

以茶氨酸为主的几十种氨基酸，在不同的茶类中含量多寡不尽相同，约为2%～5%不等，其中每一种具体的氨基酸都有其独特而不可取代的功效。可以确定的是，它们大多是人体新陈代谢所不可或缺的元素，并且其中某些只能通过进食补给，人体自身无法合成。

茶叶中的生物碱以咖啡因为主，其作用主要是兴奋、强心与利尿等。我们平时喝茶提神的习惯养成，是由于茶叶中的咖啡因所引起的大脑皮质的兴奋机理。需要区分的是，这种兴奋的产生与酒精、尼古丁及兴奋剂等伴随副作用的物质之作用原理完全不同，茶叶中的咖啡因对人的刺激是一种纯生理性的兴奋活动，加之茶多酚等成分的共同作用，使得咖啡因很难长时间积蓄在人体内。

杯盏之中的茶汤具有异于食物的健康之效

21

茶汤能品尝出干茶品质及冲泡技巧，也能品尝出茶叶是否储存得当

而所谓的茶多酚是一种以儿茶素为主的物质。在茶叶被引入现代科学的研究范畴之后,儿茶素一直是研究的焦点。关于茶多酚的研究成果都表明,它给现代人的养生提供了最大的惊喜,因为它在抑制致癌物质、抗辐射及抗氧化、抗衰老等方面都效果卓著。

茶叶中的矿物质多达四十余种,其中不乏对人体的健康和平衡意义举足轻重者。钾的含量相对最高,它对于维持渗透压、维持血液的平衡,以及人体细胞的新陈代谢非常重要。此外,茶叶中还包括锰、硒、锌、钙等重要元素。

茶叶中的脂多糖含量约为 3%,脂多糖有助于改善造血能力、增加免疫力并具有抗辐射功能。茶叶中的脂肪含量微小,可忽略不计;糖类和蛋白质虽然含量较高,但基本上不溶于茶汤,因此茶无愧于低脂低糖饮品的称号。

我们生活中有诸多以茶保健之观念与行为,其中饮绿茶防癌,缘于绿茶比其他茶类更多保留了具有抗癌功能的茶多酚;饮普洱减肥,缘于普洱在后发酵过程中产生了可分解脂肪的有效成分;用茶水漱口护齿,缘于茶汤中含防龋齿的氟成分;饮粗老茶防治糖尿病,缘于粗老茶含有更多增进胰岛素功能的茶多糖;饮茶助寿,缘于茶汤中所含的诸种元素即是一剂复合的抗氧化和增强免疫力的良方。

自然,以上皆是建立在现代科学量化分析之基础上。在我们古代文字中描述最多的是茶叶的提神驱倦之功,陆羽之"荡昏寐,饮之以茶",白居易之"驱愁知酒力,破睡见茶功",詹敦仁之"宿醒未解惊窗午,战退睡魔不用兵",苏东坡之"建茶三十片……僧房战睡魔",黄山谷之"睡魔有耳不及掩,直拂绳床过疾雷",陆放翁之"摩挲困睫喜汤熟""勒回睡思赋新诗"等等,皆无异于现代人以咖啡因续命之生活调侃。

而我们古代医学文献中茶之保健问题可令人穷首皓经。唐人陈藏器在《本草拾遗》中给予茶叶的评价可谓极致："上通天境，下资人伦，诸药为百病之药，茶为万病之药。"事实上，自《神农本草经》将茶作为解毒之用始，茶叶便一直存乎于医药典籍中，存世可考之茶疗文本可追溯至盛唐官修本草《新修本草》中，其后陆羽《茶经》中所述其药性更为我们所知，再后又有《本草纲目》中所载之茶疗方剂数则，而历朝历代从民间药方至皇家医案，其中更是茶方遍及……从中国传统医学的观点看来，不同茶叶有其独特的性味归经，我们以茶为药或将其作为复方中的一味，或者以茶为药引，以行其治疗之功。而更多的时候，我们日常饮茶以为去渴养生；故而茶叶自药性发端，以养疗为本性，或更能平性怡情，而至调心。

老人们饮茶相谈一景。中国人将一百零八岁之高龄雅称茶寿，一是饮茶延年，二是茶字分拆开之数字相加有一百零八之趣

之一

绿茶

作为不发酵茶，绿茶是诸种茶类中制作工序极少，非常接近自然原生状态的茶类；冲泡绿茶的过程，就仿佛是手中时光倒流，绿色的叶片在青色的水中舒展，直至它重回枝头的过程。

作为不发酵茶，绿茶是诸种茶类中制作工序极少，非常接近自然原生状态的茶类；冲泡绿茶的过程，就仿佛是手中时光倒流，绿色的叶片在青色的水中舒展，直至它重回枝头的过程。

　　不同于其他茶类，绿茶的采青时节只能是春季；而在采茶的当天，也应是待到日出露干后方可采青，否则外在水分会影响成茶品质。然而，唐人诗作中采茶时间的线索为"簇簇新英摘露光"，宋徽宗也在《大观茶论》中说"撷茶以黎明，见日则止"，可见唐宋均需在日出露干之前完成采青。这是因为唐宋制茶异于今日而采用蒸青，露珠不但无碍于水蒸气的工作，还让露干之前的芽叶呈现更为饱实之态。

　　各种绿茶制作方式的差异主要体现在杀青和干燥的方式上。日本的绿茶保留了中国古代利用蒸汽杀青的方式，即所谓之蒸青。蒸青绿茶干茶色泽墨绿，茶汤颜色异常鲜绿明亮，宛如绘画的颜料，其香

类别	杀青方式	茶汤之色	茶汤之香	茶汤之味
日本绿茶	蒸青	极绿，颜色饱和度高	黯淡无味	口感重滞
中国绿茶	炒青、烘青、晒青	青中带黄，透明清澈	扑鼻高亢	口感清新

气则黯淡低滞。而现代中国的绿茶主要存有三种方式，即炒青绿茶，如龙井、碧螺春、竹叶青等；烘青绿茶，如黄山毛峰、六安瓜片、太平猴魁等；晒青绿茶，大多是云南的滇绿及用作为普洱或黑茶紧压的原料。这三种干燥和杀青方式制作的绿茶在色香味上呈现出一定的区分度，但要而言之，均是茶叶青绿，茶汤淡雅清澈而青中带黄，香气清新而高亢。

「湿满苍藓浪
春花」，蒸青
绿茶最为盛行
的抹茶形式，
需用茶筅击拂
以生沫饽

绿茶是各类茶叶中不易冲泡的一种，其中一大原因即是水温幅度的微妙把控。由于绿茶的茶青是芽茶，即细嫩的芽尖和未成熟的叶片，故而冲泡之水温万不可过高，过高的水温不仅会扼损部分营养物质，而且会使得茶汤苦涩，失去鲜活的香味。笼统地说，80℃左右的水温适合绿茶，但在真正冲泡时具体的温度还应当视所泡茶叶的当时状况而考量。干茶的老嫩程度是我们考虑水温的最主要因素，茶叶越嫩，水温当略低；茶叶越成熟，水温可有所提高。

在我们熟悉的生活场景一幕里，绿茶往往被置于纤长的无盖玻璃杯中含叶冲泡。选择玻璃器皿作为冲泡工具，我们便可以直接赏察到叶底在水中的形象变化和茶汤的情景，但它并非唯一选择；譬如选择薄胎的瓷器盖碗，无论从精神气韵还是茶汤的表现，都能恰如其分地衬托绿茶的气质。总之，冲泡不发酵茶，应选择密度大、紧结度高、散热更快的材质以表现出绿茶清新鲜活的性情；按照这样的标准，银器等也是尚好的选择。

紫砂是中国茶最常用的器具材质之一，相对于瓷器而言，它的透气性高、紧结度低、散热较慢。如若用紫砂壶来冲泡绿茶，茶汤的味道便会略为不及——犹若中国北方的春天，比起南方来总是缺一点清新和尽兴，春天的气味也相对低滞闷结。这便是茶具的材质对于茶汤的重大影响。当然器具的造型于茶汤表现也有一定程度的影响，比如紫砂壶的开口一般不如盖碗大，如此而产生的散热问题也会影响茶汤的状态。

采芽而不经发酵的鲜嫩绿茶赏味期最短，绿茶保存之法前文已有涉及。清袁枚之新茶收藏，便是"须用小纸包……放石灰坛中，过十日则换古灰，上用纸盖扎住，否则气出而色味全变矣。"其法之枢在于利用石灰这味强干燥剂以防潮、吸附异味，且行其杀菌避虫之功；加之石灰之性温热，亦可稍许平衡茶性之寒。而将新制的绿茶放入石灰缸中暂存数日这一工序被称为"收灰"；时至今日，包括龙井在内的诸茗茶皆仍保留着这一传统。

中国自古而有品饮和赠送春茶的习俗，古人"每春当高卧山中，沉酣新茗一月"，而我们现代绿茶亦应景在年初即纷纷抢先上市。一杯春茶，就是一杯早春的味道。尝鲜固然情趣十足，但仍需

有所节制；茶为寒凉之物，发酵度越低寒凉越甚。换言之，绿茶于诸茶类中最为性寒，尤其它在刚刚完成炒制之时其性尚未稳定，对于胃寒之人尤其不宜。加之现代节奏匆促，抢新之下收灰工艺可能略之。故而我们不妨将新茶暂搁案头，且将耐心和等候作为品饮之前的最后一道程序；待茶性更为稳定后再行品饮，不仅得延迟满足之乐，且会更利身安。

龙 井

自苏轼始，中国流传的文字就每每将西子湖与西施并论。在西湖近侧之时水光潋滟、时山色空蒙之画景中，龙井茶之因地产制天然合宜。龙井所在地产茶由来悠久，按陆羽所载之"杭州二寺产茶"可追溯至盛唐，然龙井之声名鹊起却晚自乾隆南巡之后，皇帝留下龙井咏叹之诗作几十首，在乾隆盛世中成就了其矜贵绝品。龙井茶的得名来自其产区中的一口龙泓之泉，古传迎逢大旱时这口水井亦未见干涸，因而时人以为其中有驭海之龙，故名龙井；此井外壁之上的"龙井"二字，亦传为乾隆爷御笔亲题。而以井命茶名之由来更可追溯至明初，"乞得银河水，来烹龙井茶"，正是其时官员唐之淳汗漫谓之。

龙井的干茶与茶汤

颇富生活闲趣的是，时至如今，除了泡茶之用外，当地人在麻将战局不利时，也会汲一抔龙井水，沾染面额肤发以求转运。可见，龙井这个名词，已然成为一个甚有意味的文化和习俗符号。

龙井茶在旧时因产区之异有"狮、龙、云、虎、梅"五大旗号，即狮峰、龙井、云栖、虎跑和梅家坞，而在当代情况则有所不同。按当地人的习惯，在成茶品质最好的狮峰一带所产之茶，被称为狮峰龙井；而产于西湖其他周边地区即为西湖龙井；产自西湖之外更远的浙江地区则被称为浙江龙井。当然，这仅仅是助于理解的笼统分划，随着品牌影响、商标保护、产区界定等意识的加强，地方政府或行业协会则有更为准确的地理或品级划分系统。而无论如何，由于最为人们熟识的"西湖"之名号更具典故和标识意味，故西湖龙井之称谓在日常中最为普遍。

龙井向有"色绿、香郁、味醇、形美"四绝之誉，这是对茶汤的色香味及茶叶外形的不吝形容。事实上，这种带有江湖气的修饰格调同样适合于其他大多数的绿茶；我们应当知悉，只有每一种茶叶所具有的不可替代的气质，才是其独特的辨识和自性所在。

若不考虑制茶师等人为因素，单就茶叶本身而言，龙井的品质取决于三个因素：一是茶园所在的具体位置，即地理环境使然，如上所述是以狮峰山为最。二是茶叶的采摘时间，明前为最，雨前尚佳。当地人也按龙井采摘的时间先后，将明前、雨前、雨后所采制的茶

品质成因＼等次	最佳	次之	再之
产区	狮峰龙井	西湖龙井	浙江龙井
采青时间	明前	雨前	雨后
茶青	莲心	旗枪	雀舌

叶分别称为女儿茶、媳妇茶和婆婆茶——而用这样的习惯性称谓形容春茶因采摘时间早晚而出现的不同级别在其他茶区也可能听到。三是茶叶的嫩度，莲心乃仅采一芽，旗枪为一芽一叶，因其芽紧裹如枪，叶展开似旗，而雀舌则是一芽两叶的象形之称。这三种称谓顾名思义，生动易辨；而冲泡之水温当以莲心最低，因为其嫩度最高，其他两种依品次略增。

由于莲心的产量极低而价格攀高，相当一部分人购买此物以作赠礼，其中不乏功利之用，因此又有人将莲心戏称为马屁茶，直指当代人急功近利的迎上之风；世间以此处事本也无可厚非，却失去了茶叶关联中最为可贵的情意。联想中国古代，早春除了与友馈茶外，还讲究精茶数片，意在上好之茶因产量有限，故送茶不在量多而在于时节心意。高山流水，好茶就如知音一般难求。

龙井茶园之茶树枝叶各形态

而龙井确切的味道在古籍中难以通感，只有在流传与想象中才得以鲜活，我们甚至无从推断康乾之龙井是否恰似你我所品之味道。毕竟康熙年间，有人提及龙井之"太和之气"，谓其啜之淡然似无味，赞其齿颊弥沦之无味之味为至味；我们今时品饮龙井犹觉香味芬然，料想古人应不及我们口味重腻，那么其时之味淡应是淡及何如？

　　龙井的康乾之味无以追究亦无须追究，而栖身于龙井之邻、西湖之畔，被誉为"天下第三泉"的虎跑泉又为龙井茶渲染了一笔重彩。如明人高濂于《四时幽赏录》言"西湖之泉，以虎跑为最，两山之茶，以龙井为佳；谷雨前，采茶旋焙，时激虎跑泉烹享，香清味冽，凉沁诗脾"。龙井虎跑双绝齐下，已然人生美事；若再得西湖中泛舟泡饮二者之融浃，便可谓极致了人间风月，再不必他求。

虎跑之外，全国各地皆有可觅之泡茶的山泉水

碧 螺 春

　　人人尽说江南好，这一隅之地不足中国国土面积百分之一，却从西晋末年衣冠南渡起，任世间起灭迭毁，在中国人的信念里从未失去过偏爱。江南的行政地理划分在中国历史上变动不断，其自然地理概念界定难有共识，但世人对其别样的人文地理之情韵却所感略同。这些感怀与爱慕累积至宋代，终在诗中以无上的直白称誉道：上有天堂，下有苏杭。而此江南二地中，杭州因龙井而增色，苏州则生长着另外一味并誉的名茶，即碧螺春。

　　碧螺春产于太湖中的洞庭二山之内，此所山水而间，云雾缭绕。其茶园更为独特的是不杂恶木，茶树与各类果树相间而植，高大的果

碧螺春的干茶与茶汤

树既为茶树蔽覆霜雪，掩映秋阳；并且其根系枝桠与茶树连理交缠，似有情人般耳鬓厮磨。而缠绵悠绕的花香果香循时而来，茶树得此陶冶熏染，碧螺春的血脉中也因此浸润着花果香味的娇柔。唐人有词"闲梦江南梅熟日，夜船吹笛雨潇潇"，所述情境虽已过采茶品新时节，但颇合碧螺春之意蕴。啜饮一口碧螺春，便似能口吐吴语，一展曾被作为中华正朔的江南雅言之风貌。

龙井因产地得名，而碧螺春的名字一般被认为是其色、形、意的直接写照，碧为其色，卷曲似螺写其形，而一品则满口生春。然而，碧螺春之号多少或源自其原始产地洞庭碧螺峰；而其揉捻之螺形，亦或与山下水月寺僧人制茶中虔敬佛陀模拟螺发有关。

龙井茶外形似剑片，碧螺春则纤细卷曲而白毫密被。白毫是茶树嫩芽背面的细密绒毛，其多寡是成茶嫩度高低的一个显性特征。异于碧螺春的是，即便是高嫩度的龙井，其制作工艺令其更趋毫隐，并不能强调白毫的显现；故而知晓龙井的白毫特征不明显，并非因为其嫩度不高。而冲泡碧螺春时，水温可以相当或略低于龙井，又由于揉捻等原因使碧螺春的溶出速度略迅于龙井，故同等条件下冲泡的时间可相应缩短。

茶名	外形	茶量	水温	冲泡时间		
				第一道	第二道	第三道
龙井	剑片状	1/4 壶	80℃	40 秒	15 秒	30 秒
碧螺春	细软卷曲	1/4 壶	75℃	20 秒	即冲即倒	10 秒

依照以壶或盖碗为冲泡器具，并逐次将茶汤分离入盅盏或公道杯中的非含叶泡茶法，若将其每一道冲泡的时间长度连接起来，会呈一个倒抛物线的趋势，即第一道时间较长，第二道时间最短，第三

道时间在第一道上下浮动，从第四道开始则明显越来越长。这个规律基本适用于所有茶类，其原理本身也很好理解：在不考虑预先温润泡（很多人称之为洗茶）的情况下，第一道时干茶尚需和沸水充分接触，第二道时可溶物已蓄势待发，从第三道开始则需要越来越长的浸泡时间来释放茶叶内含物。

在既定茶量和水温的情况下，每一道冲泡的具体时间主要和茶叶本身品质相关，但也会涉及其他因素，比如上一道茶汤分离后湿茶在壶碗内的等待时间，若该时间越长则接下来一道的冲泡时间应略有缩短；还比如泡茶的环境温度，应根据气温高低相应增减浸泡时间。本书在卷上各章中提供的泡茶数据均是以冲泡五道的茶量为基准，在这个基准下实际能冲泡多少道完全取决于具体茶叶的品质如何；一般

「一碧太湖三万顷，屹然相对洞庭山」。碧螺春产地太湖一景

37

而言，绿茶可能不足五道，而更高发酵的茶叶则可能多于此数。尤其需要强调，本书的冲泡数据，特别是每一道的浸泡时间，只是为了给初涉泡茶者在毫无概念的处境下提供一个定位，万不可作为标准化的参照，须知同样称为龙井或碧螺春的茶叶，其个体情况也是千差万别的。

外形及冲泡之外，龙井的香气清澈如初试锋芒的薄衫少年，有初生牛犊不怕虎的气势，有春寒料峭的凛冽。而碧螺春的味道，即便未若"满盏真成乳花馥"，却也如同待字闺中的少女般温婉娇媚，惹人怜爱不禁。

许是世故穿凿大过其事确凿，每一种美茶都无法逃脱传奇演绎和名人典故的附会，而碧螺春之故事更是尽显皇权社会与男权社会下的双重凝视之叠合。如龙井乃乾隆题名一般，碧螺春的名号也有康熙干涉。相传旧时碧螺春茶园采青之事，皆依仗"青裙女儿指爪长"，即由待嫁之少女葱指拈摘，其间暂置于胸间衣襟内，所谓古诗言"一抹酥胸蒸绿玉"。而由于摩挲与体温使得茶叶幽香异发，故而被采茶的老百姓称为"吓煞人香"；后康熙南巡得此茶，喜其茶美却鄙茶名欠雅驯，故御赐碧螺春以正其名。

古画《调琴啜茗》中的少女最得碧螺春之温婉

蒙顶甘露

在以地理单位而自然划分成的产茶区中，蜀茶在中国茶叶中的市场份额并不突出，既无法与江南地区的绿茶相比衡，亦难能和闽粤一带的乌龙较高下。商业之外，茶与茶的相异成趣本无从进行高下与意义之较量；如若非要相较论之，蜀茶所承载的历史蕴藏和其独特的感官特质，在中国极其丰富的绿茶资源地构建起来的庞杂系统里，是因其个性意气而无法简单同质化的一环。

蜀道之难，难于上青天。四川一大基本地理特征便是重峦叠嶂，列嶂危峰，故独有屏障天成，不与秦塞通人烟。在这云深雾重的山林之间，终日水汽不散，与茶为邻的植被虫豸和走兽飞禽繁异多般；

蒙顶甘露的干茶与茶汤

「蒙茸香叶如轻罗，自唐进贡入天府」，传为唐代始即在此采摘贡茶之皇茶园，中有七株吴理真亲植之仙茶树

如此生态环境中的岚霭雨露独具灵性，也让峰峦中的川茶飘逸俊美。

蜀中两大名山峨眉与青城自古来便是名茶产地，但若仅论所谓历史感，蒙顶山所产制的茶叶，才是川茶里最带感的无二王者。提及蒙山茶，念及与之相随的名句：扬子江中水，蒙山顶上茶；还应知晓，除了同龙井及碧螺春一样皆为朝廷供茶，蒙顶茶还是当今有文字记载可循的名茶中最为古老的一种。因此历史上的蒙顶茶曾独享一路颂歌，文人名士的诗句相伴着蒙山味流传于今。"若教陆羽持公论，应是人间第一茶""旧谱最称蒙山味，露芽云液胜醍醐""蜀土茶称圣，蒙山味独珍"……如些盛誉而极的诗句，置于现代社会的广告公令中，无一不是将被过滤掉的违禁语汇。

此外，蒙山茶亦有中国古代人工种植茶树的最早文献记录，其历史可溯及西汉时吴理真驯植种制；清人称吴氏种植之茶树"二千年不枯不长……酌杯中香云蒙覆其上凝结不散，以其异，谓曰仙茶"。虽然摸寻历史线索，蒙顶山的茶树亦可能并非此山原生，而在浸淫了蒙顶千年的雨雾蒙沫之后，它的血脉业已融入在这片山林之中。在历史上，蒙山茶的黄金时代在唐之前，唐代推崇阳羡茶与顾渚紫笋，宋人专爱建安，而自明始至清则各般名茶迭兴，有我们相对陌生的松萝、罗芥、虎丘、阳羡、天池、天目等，也有至今流行的龙井、碧螺春、六安、武夷、普洱等。

　　蒙山茶自古时入贡起就被制作为几种不同的茶，其中蒙顶甘露为当今制作和传播之主流。甘露的制作及揉捻与碧螺春相似，均是紧卷纤细、身披银毫；而风味则另有指向，正如茶名，其汤恰似甘露般沁人肺腑，纯净入心。甘露的干茶形态既与碧螺春相似，其茶青嫩度亦是相当；因此冲泡蒙顶甘露的器具、水温、茶量和每一道的时间等，皆可以碧螺春为基准再加斟酌。民间在冲泡这两种及其他采青嫩度颇高的茶叶时，均有"上投"之主张，即在壶碗中注入热水之后再投以干茶。上投法一是创造出了从注水到投茶的一个缓冲时间，在较之注水器体积更小的壶碗中滚水可更有效地降低温度；再者茶叶从水面沉入，能避免冲水时的力道及在壶碗中激烈冲撞。和此处特别采用的上投法不同的是，本书中所言及的置茶方法均是统一的预投，即先置入干茶再加入沸水。

　　而在蜀地巷陌的茶馆茶铺里，店家冲泡的一杯绿茶或花茶基本都会默认采用中投法，即分两段注水，第一段是三四分之一左右的含叶沸水，稍候再继续或由客人自行注满沸水。而此间的茶客一般也都不会将含叶的茶汤饮尽，而是留剩些许作为"茶母子"以再次添注沸水，如此反复操作直至茶味殆尽或茶客离开为止。茶母子在这里的功能相当于中投法首次置茶时第一段的注水。而在本书中所言及的倒茶方法，均是每一道尽量滴尽而不留剩茶汤于壶碗之中。

在 2008 年的"5·12"地震中，蒙顶山也是受灾地区之一。经历了地裂天崩的历史变迁，尘埃落定后的川茶更是平添了一抹难以言明的情结。"琴里知闻唯渌水，茶中故旧是蒙山"，蒙山茶纵然物轻情甚，却也不曾被历史的旧冠或感伤所拖曳，它在山川节律中周而复始，任由白文公的吟叹成为一枚琥珀封印住历史的荣光。

长流壶茶艺在四川地区颇为流行，除了极具观赏性外，其实用性在于长嘴可隔着拥塞环境中桌椅等远空间注水，而壶中沸水在注入盖碗的长距离中增加了冲力且降低了水温

竹 叶 青

　　竹在中国文化及百姓生活中有着不可比拟的非凡意义，其影响深深渗透入了日本文化，并辐射了整个亚洲地区。一定程度上，恐怕是因为李安电影《卧虎藏龙》中蜀南竹海的意象，更多的西方人对中国竹文化有了审美层面上的感性了解。在造纸术出现之前，中国将文字直接记载于竹片上，《论语》等我们熟读的经典皆是通过竹简而传世；换言之，竹承载了中国极早期的文明和历史，也一直是文人骚客诗歌书画的隽永主题。竹叶煎水，竹笋入食，竹身成器，竹根为雕……竹不仅贯通了古今，还串联了我们物质生活和精神生活中的每一层空间。

竹叶青的干茶与茶汤

宁可食无肉，不可居无竹。在蜀国的土地上，一拢翠竹环绕着一离村落是沿袭了千年的不厌风景，而四川的座座名山中更是生长着无尽竹海。竹梢永远垂落着轻拂空中尘埃，像是腼腆少女低垂眼睑，又似温其如玉的谦谦君子风度。人们喜其四时不变的如簧翠绿，故而"竹叶青"这个名词颇为常用，除了我们即将谈及的茶叶外，它还是一味四川名酒及一种常见于南方的青绿蛇类。

同为蜀茶，竹叶青得名仅仅半个多世纪，与蒙山茶的千年名号似不能同日而语。但这并不意味着峨眉山产茶的历史有所晚短，未曾沐蒙历史荣光。峨眉山所产的茶叶在唐时就被列入贡茶诸品，尽管现代竹叶青创制较晚，却传为陈毅元帅所赋名，又为其故事增洒了一笔红色传奇。

秀甲天下的峨眉山同样拥有绿竹猗猗成林，这也让峨眉山的茶叶窨染了竹之习气。竹叶青之名如同碧螺春一样，亦可诠释其形、色、味。其干茶条长，两端尖细而中腹微实，形似竹叶，冲泡时茶叶能如悬针般垂立水中；其色青如竹，茶汤亦如经竹叶晕渍后的浅淡含翠；而其香气与味道，也似竹叶性情般微苦而回甘。

而向内觉察的话，我们会发现竹叶青的味道更富有茶禅一味的内蕴。在得名竹叶青之前，它一直是由峨眉山万年寺及周边其他寺庙的僧人所种制，以备在坐禅时品啜。比起龙井和碧螺春之香气先夺人，在同样的水温冲泡下，竹叶青之香并不突出，非无香而代以悠长致远，非沉敛不能体味疏香皓齿。同样是少年蓬勃的绿茶，竹叶青却多了一份沉寂淡定和举重若轻的内在力量，多了一份如竹般的清癯气骨，它是雀跃的孩群中稍显落寞并不从众的那一个。

在绝大多数人的概念里，竹叶青应是和其他名茶一样的茶叶品类之名称。而事实上，"竹叶青"已被当地同名企业注册为商品名，仅此一家生产的此类茶品方可称为"竹叶青"。因此其他品牌之同种茶叶不得不改作他名，但一般都尽量沿用了竹字。如此强占竹叶青为商品名，无异于一场饮鸩止渴的荒唐闹剧，中饱了私囊而无益于整个川茶市场的长远利益。毕竟竹叶青尽管在四川知名，但就全国范围来看仍然是一种相对小众的茶叶；这种强具地方保护主义色彩的行为无非井蛙之见，对于蜀茶文化的传播百无一是。

对于茶叶名称的保护无疑非常必要，但同时一定要理性而得当。数年前云南省普洱茶协会就启动了普洱茶的地理标志认证以求商标保护，几年后浙江省也为其境内的诸多地区申请到了龙井茶的认证商标。这两个名茶案例在保护其茶名商标的同时，亦保证了其相应产茶区足量的茶叶支持。毕竟，千年传承的茶叶在现代体系下当然应有品质级别之分，但绝不应当被鼠目愚政所左右，不应当在话语权的垄断下牺牲为资源的私心占有，不应当被炒作为阳春白雪而让百姓遥望叹息。

「写来竹柏无颜色，卖与东风不合时」，清人郑板桥胸中墨竹之意气与竹叶青颇合

47

作者曾常于此饮茶的成都街边一景

之二　黄茶与白茶

黄茶和白茶都有微乎其微的发酵。黄茶的味道似乎是少年们在长大过程中不时会有的迷茫和未知；而白茶本身并不带有浓烈的情感倾向，即便物理空间再近，白茶独有的清明之仪式感总是不断拉开着它和你的距离。

黄茶大概在各大茶类里较不为人熟知也相对最少被饮用。黄茶之制作在工艺上相似于绿茶，而多了一道焖黄的工序，正是这道工序使得茶叶在杀青基础上有所发酵，其叶和汤也得以转变成了黄色，这便是为何人们惯于形容黄茶为黄汤黄叶。

　　黄茶的焖黄工艺不同于乌龙茶和红茶的发酵。乌龙茶和红茶的发酵是后文会述及的酶促反应，而黄茶之焖黄则是一种湿热作用，它和熟普快速陈化的渥堆工艺在本质上更为接近，只不过焖黄是浅尝即止，而渥堆则充分尽致。黄茶和普洱都是以绿茶为起点前行了远近不同的旅程，若要在茶类间再行分门别类，这两种外表迥异、口味轻重悬殊的茶类在本质上的相似性大概会出乎诸君的意料吧。

蒙顶黄芽的干茶与茶汤

50

在平日生活里，久置和保存失法的绿茶亦会暗黄，其颜色是一种由外而内的陈旧枯索感，如若行之冲泡，茶汤口感将几乎与外形一样乏味；而黄茶的温润色泽则散发着一种由里及表的内在张力，这是非酶性氧化之后的黄色。若以绿茶为参照，色泽的趋异之外，品饮黄茶的茶汤首先就可以捕捉到由于轻微发酵所带来的香与味之变化，其口味少了绿茶的鲜明和盎然，也少了对肠胃的寒凉刺激；在茶汤的质感上，则比绿茶的轻盈透明多了些微的立体厚度，也多了些微好似小朋友成长中的懵懂感。

绿茶和黄茶就像是少年性格的两面，前者是占主导的一面，是符合其年龄感的蓬勃、生发和焕然，是时光驻足般全然反射着当下的一面；而后者则是他们在长大过程中不时会有的迷茫和未知，是光阴流转中有着前行趋势的一面。

李时珍在《本草纲目》中记载："真茶性冷，惟雅州蒙山出者温而主疾。"若作考量，此处药圣所称之蒙山茶应不是前文绿茶章中述及之蒙顶甘露，而应是因黄化而相对性温的黄芽。所谓蒙顶黄芽，"蒙顶"当然为其出处，"芽"如前所述指采芽为茶青，"黄"则是说明黄茶工艺所带来的干茶色泽变化。尽管黄茶在中国的茶类中不为大流，但它的历史至少可追溯及唐，唐李肇《国史补》中即有载"寿州有霍山之黄芽"，《资治通鉴》亦记载唐代宗大历十四年"遣中使邵光超赐……黄茗二百斤"。可想自唐之前蒙山茶高歌猛进的时代始，蒙顶黄芽便应是其中一员。我们亦可留意的是，同为蒙顶之茶，蒙顶黄芽的揉捻外形扁直而匀整，迥然不同于甘露之曲绕。除了蒙顶黄

茶类	茶青	颜色	工序	发酵
绿茶	芽茶	清汤绿叶		无
黄茶	芽茶	黄汤黄叶	较绿茶多了焖黄	在焖黄时微有发酵

黄茶的色彩感是一种黄而可溯其绿的过渡结果，在自然界的花果颜泽中有迹可循

芽、霍山黄芽，中国知名的黄茶还包括君山银针、北港毛尖等。

同黄茶一样，白茶似乎因为比绿茶多了一点轻微的发酵而稍微疏离了自然的原生状态，但白茶的采制步骤却比绿茶更少。白茶工序的极简主要在于两个方面：一是不经历杀青，这是白茶可以长年存放并缓慢醇化的内在基础；二是不经历揉捻，因此传统制作而成的白茶定型在一种蓬松而类似枯叶的状态。这种干枯的形态很大程度上缘于白茶极重的萎凋工艺，而重萎凋亦是白茶不再进行任何程度的揉捻的一部分原因。我们在市场上所见的一些白茶呈饼状，那是另一道工序"紧压"所致——对白茶进行紧压更多是受到普洱茶压制成饼的影响，并非历来有之。若不论紧压，白茶在采青和萎凋之后，即可通过晾晒或者文火加温的方式干燥成茶。

压制成饼的寿眉及其散茶的形态

53

与其他诸种茶类相比，重萎凋是白茶无可替代的特质，而新制白茶的轻微发酵也是在重萎凋的过程中伴随而成；换言之，白茶的发酵并非是一种主动的选择。而正是这种被迫的微发酵，微妙地分离开了它与绿茶之间的距离，更使其明晰地区别于其他部分发酵和重发酵的茶类。

同时，白茶又是诸茶类中品种最少的那一个。白茶的产地主要集中在福建，根据树种尤其是茶青采摘品级的高低，制作为不同的种类，市面上常见白毫银针、白牡丹和寿眉这三种。我们常说的贡眉本是寿眉中的高品级名称，不过在生活中大部分人不论品级均更倾向于使用贡眉之称谓。

白毫银针在白茶中最为知名，最上乘者仅取芽心作为茶青。白毫彰显其嫩度；银字写其色泽，这样的色泽与树种有关，也因重萎凋之后褪去了天然的绿色，满毫也从而转为熠熠银霜；而针字喻其外形。因此即便先前未识此茶，从茶名亦能判断其采青、相对色泽及揉捻状态；当然银针二字也是其稀少珍贵的写照。白毫银针制成干茶，身披囊萤映雪之色，已然有不食人间烟火的灵妙之感；而若冲泡在透明或敞口的杯中，茶叶悉数直立起来，悬坠于水中，仿佛日规上的粒粒晷针，此时任何光线的投射都有了测量日影般稍纵即逝的意义。这种更关乎参与者个体内心的仪式感，使得泡茶回到与茶汤之连接，人间再珍贵的茶器此刻也变得不过寻常。

除白毫银针之外，其他揉捻成针状或相近的茶叶大都可以在冲泡的水中垂坠起来，比如前文述及的竹叶青和龙井之莲心。而越是单芽，垂坠的竖立感则越强烈。当白毫银针或只采一芽的竹叶青在水中垂坠沉浮时，芽尖顶向天空而芽梗垂对水底，仿佛是一名名善于制衡的武林高士，他们深缓难辨的气息都穿透在直立的轮廓线精微沉浮的起息之间。此外，当并采芽叶的龙井逐渐舒展于水时，亦会在下沉之前出现短暂立于水中的景象，但与银针竖立的朝向不同的是，其叶梗会朝上，芽尖垂指水底，而芽叶在水中得以四面地舒展，再不同于旗枪或雀舌干茶时扁平剑片的形态，这般绽放的风情又成了遗落古画中的一位位裙袂当风的女子。

严格来说白牡丹的茶青应当采摘一芽二叶，制成后芽心带白毫，叶片颜色略深，在干茶时因未经揉捻而卷展似牡丹花瓣的形态质感，及遇水舒张后的形貌，加之以其成茶较高的规格，被初制该茶者喻为白牡丹。自然，旧时的文人茶客有着他们更加视物意象化的眼光，形与意的分野并不截然；但即便以现代人更加西化的视角看来，干茶是否形似其名虽见仁见智，却难以否认茶汤的气度与韵味贴切于白牡丹之名冠。

寿眉在旧时采制于不同的白茶树种，在当代则主要体现为其采青等级比白牡丹又更加粗老了一些。茶青等级的区异除了在干茶上一目了然之外，茶汤的色泽亦明显不同，从寿眉到白牡丹再到白毫银针，其汤色趋白而愈浅。而在冲泡获得这三种茶汤时，因为茶青嫩度不同，可略作水温依序略为递减的考量。总的说来，冲泡白茶的时长需要考虑到其未经揉捻和萎凋极重，故而比起其他茶类需要酌情延长浸泡时间；而冲泡的水温则应考虑到其芽茶采青和低微发酵，故而应略高于绿茶但低于乌龙茶。

此处还需要另外提及一味茶，即是我们常常会误归入白茶类的安吉白茶。和历史上最知名的绿茶一样，安吉白茶也来自江南，其具体产地是天目山庇及的浙江安吉地区。该茶实为绿茶，而之所以被直呼为白茶，是缘于其母株为特殊白化树种，这是因由生物学上的变异现象所生发。从明前到雨后，茶青芽叶在枝头由白色逐渐转染为绿色，而此期间所采制的安吉白茶，则在相应的时间点定格了那一缕成绿之前的白。每每冲泡安吉白茶之际，须臾间干茶浸润重生，时间也倒流回了芽叶新发于枝头的料峭时刻，而那抹白色便在叶底上更为清明地显露出来。

总的说来，在各大茶类中绿茶的氨基酸含量最高，这也是为何绿茶茶汤比其他发酵茶更得清甜、鲜爽和恬淡之口感。而具体地看，安吉白茶的氨基酸含量则比龙井等其他绿茶高出甚多。许是因为如此缘由，比起龙井的凛冽和碧螺春的娇媚，安吉白茶在唇舌间的气质少了些个性和具体指向，更加平稳而中和，且多了些纵深的、但不会让你产生透视般距离感的纯澈厚度。

相对于普洱大多都会制成饼、砖或沱等形态，白茶一般根据不同的品级及种类来选择是否紧压成型；比如白毫银针一般不进行压制，而白牡丹、寿眉则会大量制作成饼。自然，白茶行之压制客观上

茶名	茶类	外形	茶量	水温	冲泡时间		
					第一道	第二道	第三道
白毫银针	白茶	原叶针状	1/2 壶	85℃	70 秒	40 秒	50 秒
安吉白茶	绿茶	条索状	1/2 壶	80℃	40 秒	20 秒	40 秒

白毫银针的干茶与茶汤

创造了比散茶更方便陈放的空间条件。白茶和普洱都可以存放经年，其生物基础在于白茶不杀青而普洱内存微生菌，这样的特性为它们在制成之后在时光流淌中的醇化或是后发酵提供了内在空间；而温湿度、通风避光状态及空气洁净度则是醇化效果的外在条件，对于老茶的口味亦至关重要。

白茶之陈放与普洱之陈放并不相当，主要在于它们陈放过程中内部醇化机制的差异。为了尽量阐释清楚这个问题，需要先从现代科学定量分析的角度再次解释茶叶发酵的原委：茶叶是否发酵以及发酵到何等程度，取决于其中的多酚氧化酶是否被钝化，以及在未钝化的情况下，该生物酶催化茶叶中以儿茶素为主的茶多酚到何等程度。绿茶经由杀青，完全钝化了多酚氧化酶；而乌龙茶和红茶则在不同程度上激发了该酶的活性，并催化茶多酚形成了不同的发酵等级。

新制白茶与稍加陈放后的叶底区别

针对白茶和普洱的问题言，白茶因未经杀青，其多酚氧化酶未被钝化，在累月经年的长时间存放中，该酶一直催化着茶多酚形成后发酵的效果，因此不妨将这整个酶促反应过程理解为快速全发酵之红茶的超级慢镜头版本。当然，茶胚本身的差异和时间长短不同这两方面的综合作用，使得数年老白茶的风味并不简单地类似于红茶。普洱茶虽经杀青，但依然有一小部分多酚氧化酶未被钝化，且在其后的揉捻中极大程度地破壁而产生活性，催化于茶多酚。但是，这种有限的酶促活动只是在一定程度上辅助了普洱茶进行后发酵，普洱在存放过程中茶青附着带来的数种微生菌的不断作用，才是作用于其后发酵过程的关键所在。除以上谈及的主要因素外，白茶和普洱的陈化也都伴随着氧化作用而进行——白茶需要控制过度氧化，而普洱则相对更需要适当的氧化作用参与。

　　白茶和普洱的后发酵问题若要精确定论比较复杂，亦需要更多的有效实验数据的支持。而从饮用上来讲，因为生普过于强劲而刺激，故而人们更倾向于将其存放，在历经一定时间的后发酵后再行品饮，当然也有不少族群更喜爱其新制的极富生命力的风味；而白茶的日常品饮则比较平均化，从当年新茶到老白茶之间的各个程度都为大家所接受。

　　民间俗语谓白茶曰"一年茶、三年药、七年宝"，老白茶更有一些不同于茶味的醇和中药味，也是在中药铺里可以购得的一味消炎解毒药材，清人便曾明确记载其为麻疹圣药；而称经年的老白茶为宝，自然是言其保健和药用价值之突出及价格不菲。

自然界中的白茶之色彩感

诸多饮茶之人均有在泡饮老白茶后再将其煮饮的习惯，一是因为经年的老白茶珍稀，再者我们偶遇的足年老茶往往并非当时之人掐指而算，专为今日市场而保存陈放，故而其茶青常常并不鲜嫩而更趋粗老，使得泡饮难能尽致激发老茶的陈韵，若经熬煮其岁月深长方渐得饱满充盛之味。我们常常行之煮饮的茶类不单白茶，还有陈年普洱及逐年焙火之茶。煮饮是为了茶味之淋漓，但若从食品安全的角度纠结，烹煮的方式会使得茶叶中可能存在的农药残留和重金属等更易溶出。因此，如若是足够年头的老茶，鉴于数年前茶叶种植尚异于今日市场供需关系，相对更值得信任，请君但行享煮饮之乐；但若是茶胚来源不详或较新，则也许当从潜在健康风险角度酌情考量。

　　在煮制老白茶时，很多有经验的茶者都喜欢加入经年的陈皮将老白茶的味道推向极致，陈皮不仅是一味价值甚高的中药，其陈年深醇之口味能与茶汤绵密渗透相得益彰。十多年的白茶与陈皮煎煮，一碗茶汤就是一碗时光如流的味道。泛泛而言，一般意义上各类茶汤给人的感官体验是质轻而上扬的轻浮感，越新或发酵度越轻则越是如此，故而饮一口茶汤会让人为之一振而气神上扬。而老茶或发酵度高的茶汤，即便其味深沉，其重心依然倾向于上行而非下坠，整体味觉多少仍带有不定的飘忽感。陈皮本为橘柑外衣，芬芳而质轻，其味经陈放亦难能下沉，这一趋向与老茶性情和同。若要更精微地调整此味觉体验，作者自拟的配方是在陈皮之外再行加入干核桃中的隔心木少量。隔心木本是入肾入脾的中药良方，加入茶汤中煎煮无味无香，不影响茶味，却能如葡萄酒中的木味质感般使得茶汤增加沉坠之力，以获得与老茶度量一致的味觉结构之稳定。此外亦有其他奇巧配方，如以沉香末、白桦茸等入老茶，此等小众之举不予详述。

代茶荷之杯盖中的干茶正是
瓣取自白牡丹茶饼

61

将白茶大量压制成饼只是 21 世纪初才出现并开始流行的工艺，因此如果在市场上遇到号称多少多少年的成饼老白茶，很容易从时间上推算是否名不副实。亦需提及的是，不同于普洱压饼存放的形式被大众所普遍认同，白茶是压饼抑或散置更益于陈放，在制茶者和品饮者中大家的意见并不一致。但由于茶饼在压制时需借助高温汽蒸成型，如此高温远远超过多酚氧化酶保持活性的温度范围，故而成饼的白茶也可认为是被破坏了生物酶的白茶，对于其后期的转化必然影响甚大，故而有精于味觉者更倾向于散放白茶。如前文所述，普洱的转化和醇化主要借助微生物而非此生物酶，因此同样的高温成型确并不影响其陈放后的味道。

对白茶成饼或散放过程中陈化情况的定量观察，需要涉及更精确的实验条件，如温湿度、避光否、空气流通量等的控制，也需要大量的样本追踪并考虑到更新的压饼工艺。尽管如此，如同我们一贯的品饮态度，大可不必纠结于哪种形式的茶叶更好，比起参考实验室的数据，更为可取的是，你完全可以信赖个体经验、品饮习惯和感官判断所做出的当下选择，而此次的判断及共饮者的意见亦可以作为你下一次调整或坚持选择的依据。毕竟，对于品饮而言，专注于当下手中的茶汤，找到你和它之间最好的连接，比任何理性考量都更能完善你此刻的茶事行为。

白茶这一名词在陆羽《茶经》中业已可见，而北宋徽宗赵佶在《大观茶论》中谈及白茶，谓赞之其叶莹薄，表里昭彻如玉之在璞。尽管我们当今日常饮用的白茶，得名也正是因为新制白茶的干茶和茶汤都比其他茶类更接近于白色，但今日之白茶却并非宋时白茶；包括蔡襄名句云"故人偏爱云腴白"，所指的白茶亦应当是如安吉白茶一样树种白化的绿茶。在对现代白茶工艺进行溯源的各家考证中，更可信的观点是白茶之历史仅可以往前推至清代而已。

「绿盖半篙新雨」，以荷介入的备水区亦宜白茶气质故而，明人在《煮泉小品》中之所谓"茶者以火作为次，生晒者为上，亦更近自然，且断烟火气耳"者，虽被今人轮番引用以描述现代白茶，但文中所指也并非是白茶工艺的晾晒，而更可能是言及绿茶的杀青方式。尽管所指非白，但是白茶确比其他茶类更无可比拟地褪尽了人间烟火气。新制的上好白茶更是没有激扬的香味，像是天空雪霁而晴的转换间徙而逝去的那一抹白色。

白茶本身并不带有浓烈的情感倾向，它的气质亦比其他茶类更能淡化其外型的存在感。即便物理空间再近，白茶独有的清明之仪式感总是不断拉开着它和你的距离，如后夜相思，尘随马去、月逐舟行，成为一个只能被珍藏心底并无须强求的理想。尽管它可能并不是你通常意义上爱慕的那一种类型，但偶得遇见，它便不知何故成了每个人心中都会有的那一位或然牵思的女神或男神，淡然却不冷漠，远遥而不渺茫，酽念亦不可得。

之三 乌龙茶

乌龙茶介于不发酵的绿茶和全发酵的红茶之间，随着其茶叶发酵度从无到有、从低到高，茶汤颜色便会呈现从绿到红之间的渐变色阶，而香味则呈现出从自然味道到人工风味之间的过渡状态。

乌龙茶又被称为青茶，它介于不发酵的绿茶和全发酵的红茶之间，制作工序相对最为复杂。乌龙茶是采用茶树成熟的叶片，经过程度高低不一的部分发酵，经历比绿茶更重的揉捻，选择性地加入焙火等工序的茶类。其中当然也存有一些特例，比如台湾的白毫乌龙是唯一一种采用芽茶的青茶，而武夷岩茶则比大部分绿茶接受了更轻的揉捻。

乌龙茶茶青所选取的成熟叶片和其相应的发酵度相匹配，而乌龙茶发酵度的高低，则取决于茶树树种、成品茶的期待状态，以及时代潮流等诸多因素。因此某一种具体的乌龙茶，其发酵度也会在不同的时期有所变化，比如铁观音；也会有一些茶的本体特性便决定了其发酵度需延续不变在一个相对稳定的状态，如岩茶和白毫乌龙。随着茶叶发酵从无到有，从低到高，其茶汤颜色会呈现从绿到红之间的渐变色阶，而香味则呈现出从自然味道到人工风味之间的过渡状态。

焙火是一部分乌龙茶会采用的制作工序之一，它对于如岩茶这样的乌龙茶必不可少，而有的乌龙茶则可以选择进行与否，比如用铁观音或台湾乌龙作为茶胚的青茶可以制为熟火乌龙。对于焙火之后的乌龙茶，我们往往认为其可以暖胃，常见世人以清人赵学敏《本草纲目拾遗》中转引前朝单杜可之语"诸茶皆性寒，胃弱者食之多

类　别	茶汤之色	茶汤之香	茶汤之味	图　示
绿茶 不发酵	绿	青草香	清新	
文山包种 轻发酵	浅黄	花香	↓	
岩茶 中发酵	橙黄	果香	↓	
白毫乌龙 重发酵	橘红	蜜香	↓	
红茶 全发酵	深红	糖香	凝重	

停饮，惟武夷茶性温不伤胃，凡茶癖停饮者宜之"为证，但这其实更可能是一个误区。首先，根据年代及其时的其他文献来看，文中所谓的"武夷茶"应为小种一类的红茶，并非岩茶。其次，我们的传统医学将绿茶定义为寒凉之物，故而无论其如何制作和后期存放，其寒凉之性只会略为降低。而乌龙茶经过发酵后，不及绿茶性寒，又于焙火中吸收火味，则进一步消减寒凉；不过是否足以转换为温热之性仍需具体考量，最可取的标准只有敏锐的觉知和自身的感受，而非理性的推衍或他者的经验。

又及，从健康的角度，焙火后的新茶，也应当如同新制的绿茶一样稍加存放后再行饮用，暂行搁置可使新焙后的浮火沉降。清人周亮工在《闽茶曲》中便已道出了如此智慧："雨前虽好但嫌新，火气未除莫接唇。藏得深红三倍价，家家卖弄隔年陈。"我们也习惯性地称谓某种选择进行了焙火的乌龙茶为熟茶，但一般并不会对应地称呼其未经焙火的状态为生茶，只需留意在这样的语境下和普洱生熟茶的概念不同即可。

焙火和发酵都会对茶汤的视觉表现造成影响，两者之区别虽微妙却断然相异。如前所述之发酵之后效，是茶汤呈现出从绿至红的色相过渡，而焙火的施加则会让茶汤的明度发生从高到低的变动，有经验的茶者可以得心应手地甄别出影响茶汤视觉的这两个因素。

发酵和焙火对茶汤颜色的影响差异

	程度低	程度高
发酵	绿色	红色
焙火	亮	暗

同一发酵度的茶叶，其茶汤在焙火前后之明暗变化

冲泡采青于成熟叶的乌龙茶时水温一般不低于90℃，但也会视茶叶的老嫩程度及其他状况有所增减，另外焙火越重者，水温当越高。就冲泡器具而言，"壶用宜兴砂"，为茶而生的紫砂是最得人心的选择，古今南北从未有一种材料能像紫砂一样与茶的关系如此密切。

紫砂的紧结度和散热性均低于瓷器，理论上而言，发酵度越高的茶或越熟的茶越适合用紧结度和散热性更低、胎身更厚的材料——这也就是为什么我们用薄胎瓷质盖碗冲泡绿茶，而选择紫砂壶冲泡乌龙茶。但这并非不二真理，发酵度偏轻的乌龙茶，亦是非常适合用瓷器去表现其茶汤。同一乌龙茶，若用瓷器冲泡，则得其香但韵味内藏；若取紫砂，则得其味道厚度但香气不如前者冲泡高扬。故而泡茶器具材质的选取，并没有一成不变的定律，除了忠实于茶叶本身的特性外，泡茶者的主观动机亦是一大标准。

乌龙茶之复杂性同样体现在其采制时令上，春天和冬天都是采制乌龙茶的最佳季节；而如若秋天行之，茶的品质则会大打折扣，味道和香气都难有好的表现。夏季一般不是采制时节，但是白毫乌龙这一特例却一定要在夏季进行。

自然界中的轻中发酵青
茶之色彩感

武夷岩茶

　　岩茶产于武夷山，它的每一棵植株都扎根在坚硬的岩土里，每一片茶叶都饱含着岩石之韵，如同陆羽所谓茶之上者生于烂石，此乃岩茶之名的直接由来。武夷山处所奇特，这里有着仁智兼存的美丽风景，也是少年弃酒而以茶修德的朱熹之理学重镇；更为奇妙的是，武夷山本为绿青红黑各种茶类的渊源地；自北宋范仲淹留诗"溪边奇茗冠天下，武夷仙人从古栽"后，众诗家皆以仙家并论武夷山。武夷山砾质风化后的岩土，成就了武夷岩茶的美名，而岩茶的独特岩韵，似乎又是武夷丹霞地貌的味觉化表现。

　　与现今无性繁殖而扦插遍山的状况不同，传统的武夷岩茶均是有性的众多株群，且古人以为"茶于草木，为灵最矣；去亩步之间，

岩茶的干茶与茶汤

传存大红袍母株的天心岩。此岩传为武夷地区全山之中心，犹天之枢极，故曰天心

岩茶之汤有岩骨花香，亦有火味之温暖

别移其性"，于是品种不同、地理不同的每一株所制作的岩茶味道都相以差异，故而所谓岩茶的品种多至上千并非夸夸之谈。而大红袍一直是这些岩茶中的噱头所在，也没有一种茶的溯源能如大红袍这样拥有如此之多的非议。关于大红袍母株的考证从未曾低落过，但也从未有强具说服力的结果。经年来，认为天心岩九龙窠题字石壁上仅存四株的古茶树为大红袍母株的观点相对更为强势。

时至今日，尽管市面上所流通的岩茶大多名为大红袍，但事实上难再具有严格意义上的大红袍。根据一些相关研究看来，传统意义上的大红袍实际上是茶农拼配不同岩茶品种的结果；而武夷地区的市场引导也会找到一茶种来命名为大红袍，使其成为武夷岩茶的金字招牌继续招展迎风。因此更加符合现实状况的理解是，岩茶的四大侠客"大、水、白、铁"（大红袍、水金龟、白鸡冠、铁罗汉）中，呼声最高的大红袍更倾向于一种等级的名称。

常饮的岩茶还包括武夷地区的肉桂、水仙等流行品种，而我们熟悉的焙火茶除了岩茶及前文提及的球状熟火乌龙外，还有产于广东，与岩茶揉捻一致的凤凰单枞。今日所谓之武夷岩茶的历史亦仅能追溯至清代，其时天心禅寺茶僧释超全赋诗所云"大抵焙时候香气""鼎中笼上炉火温"，方才明确地记载了将焙火工艺用于武夷制茶中；其后王复礼在其《茶说》中更为详细地记载了焙火："武夷炒焙兼施，烹出之时，半青半红，青者乃炒色，红者乃焙色也……"

焙火、岩韵、较高的发酵度，是岩茶不变的味道，亦然是岩茶孤独的味道。在人类逐新趋异的社会流行文化里，一切都在与时俱进。绿茶太过单纯，从茶青到制作，都难有可变的契机；而乌龙茶则改头换面着新装——现今市场上的乌龙茶，鲜有焙火，且发酵度甚轻于传统做法，似往绿茶靠近……我们印象中传统乌龙该有的特性似乎已悄然改变，比如铁观音这一典型代表。

岩茶焙火工序之场景

75

而乌龙的绿茶化并非始于铁观音，而是肇端于台湾地区。我们的宝岛台湾有着白毫乌龙这样被英国女王盛誉为"东方美人"的无可复制的茶叶，但台湾乌龙的总体市场亦无法和大陆相竞争。而后台湾茶人另辟蹊径做轻乌龙，强调乌龙的香味并以此作为评茶的标准；故而即便是福建乌龙传入台湾后，也出现了以北部之包种和中部之冻顶为代表的绿化茶，这似乎也呼应了现代人钟爱绿茶轻盈的潮流。

当做轻的方式如春风般几乎刮遍乌龙茶市场时，岩茶一身旧雪，伫立于寥落星辰的默守者中。岩茶不合群的原因还在于，其轻揉捻造成的条索状干茶比大部分球状乌龙占据了更大空间，容易破碎且无法抽空包装，不利于流通效率。另外，岩茶若要保存数年，更需保证其存放环境的干燥度，也有茶者会择年将岩茶和熟火乌龙再行焙火甚至多次进行。复焙可能修补回潮、异味等存放中出现的差池，但也会在很大程度上耗损掉茶叶的数量和内涵品质，且致使茶叶碳化；更为遗憾的是，此举会刷新茶叶的陈韵，如同一件本已披覆岁月华袍或所谓包浆的珠宝，在被我们打磨抛光后而变得崭新无味。

岩茶就像一名孤身独行的隐士，以耿介之气为衣，只属于山水深处。他的气质接近于不惑之年的男性，有传统的惯性，有生活的历练，有一些固执和迂腐。他不屑于解释，也不太关注世事的变迁，只是顺乎内心地兀自存在。古时朱熹有《咏武夷茶》诗曰：谷寒蜂蝶未全来，这曾一语成谶般地描绘了过去持续多年的武夷岩茶之处境；而如今时来运转，岩茶又反转成为时人追捧之稀物，其中佼佼者更是贵比金价。嗟叹圣人执于中庸之道，原来皆因此道在世间中哪怕茶叶这等微物上都难以恒常耳。

铁　观　音

　　就某一单类的茶叶来看，铁观音不愧是中国大陆市场极长一段时期以来的销售份额之冠。品茶选择铁观音，几乎成为过往多年里中国民间茶事之主流倾向。抛开政策、市场等这些茶叶本体之外的因素不论，铁观音之所以童叟皆爱、雅俗共赏，在地域、年龄和社会阶层等方面拥有比其他茶叶更宽泛的品饮群体，极大的缘由在于铁观音作为部分发酵茶的一种阔度。

　　具体而言，铁观音介乎于绿茶和红茶、普洱之间，它因此既有不发酵茶的香味，又有完全发酵茶的韵度；并且其茶青的成熟程度和制作中的发酵程度可以适时调整，焙火与否及焙火度的选择亦是多样。就目前看来，近些年市场上铁观音普遍"绿茶化"，即发酵度

铁观音的干茶与茶汤

和焙火度均保持在一种低于以前的水平，也不再流行"绿叶红镶边"这种传统的做法；原因和铁观音原生树种之更新及前文提及的台湾标准下催生的乌龙新工艺之风靡有关。

尽量从文人意气的角度，铁观音没有如岩茶一般坚持传统规格，甚至还损失了一批原生树种甚为可惜，但是毕竟市场才是真正维持产业运行的基本所在，改良终归好过于消失。此外，在当今中国这样一个复杂变幻的市场中，产品的多样化程度越来越高，复古之风也随时都可能卷土重来。

和绝大多数乌龙茶一样，铁观音选择成熟的鲜叶作为茶青，因此与绿茶所选之芽或嫩叶尚未完全展开之状态不同，其所采之叶如清晨醒来的佳人般已然舒展开面容，故而称为开面采，制作出的干茶颜色褐绿。采青时一般也只采叶子，舍弃叶梗，无须同绿茶一样追求枝叶连理的效果；铁观音通过数次摇青，使得茶叶在适当的温度下互相碰撞而进行发酵之步骤；在揉捻时，则会采用包布揉做出半球或稍加松散的形状。

冲泡铁观音时选择瓷器或紫砂，盖碗或壶皆宜，取决于茶叶的嫩度及泡茶者欲表现何种风格；因其发酵和焙火均低于岩茶，故而水温也可比岩茶略低，但不应当低于90℃；茶量标准则以湿茶能在壶碗中完全舒展开为宜，若置茶过多而致叶底淤堵不能完全展开的话，茶汤则会有窒滞闷塞的不畅感。需要注意的是，同为乌龙茶，岩茶的

茶名	外形	茶量	水温	冲泡时间				
				第一道	第二道	第三道	第四道	第五道
大红袍	条索状	1/3壶+	95℃	40秒	20秒	40秒	90秒	3分
铁观音	球状	1/4壶+	90℃	60秒	30秒	50秒	2分	4分

外形条索而蓬松，球状的铁观音更为紧结，因此在置茶时岩茶和铁观音的体量在观感上完全不同，等量的岩茶占有更大的空间。

铁观音产于福建安溪，安溪之山郁嵯峨，明代典籍记载安溪茶"饱山岚之气，沐日月之精，得烟霞之霭，食之能疗百病"。如当今提瓷器必推景德镇，谈及紫砂当冠之宜兴一般，铁观音基本上成了安溪的代名词。而和其他茶叶有所不同的是，铁观音这个名字因由不止包含单一的因素。龙井茶产于龙井，大红袍有着历史典故的流传，竹叶青得名于其茶叶本身之形韵……铁观音则更多来源于其茶树品种的名称，而兼具相应的典故。相传亦是痴茶好

「纵芭蕉不雨也飕飕」，做轻发酵的铁观音颇宜于炎炎午后消暑清心

79

文的乾隆在品饮了铁观音之后，因喜其沉实色厚如铁、形美味香似观音，故御赐该名。

观音一词滥觞自佛教语汇，其形象现已世俗化为一位慈悲美好的女性。就本溯源，观音形象最初为男子，而铁字置前更是增添了其男性色彩。事实上，铁观音的味道正是如同而立之后的男性，性情沉稳且在江湖世事中有所练达，略具城府难轻易捉摸，与他初次交手会给人以进攻大于防守的假象。又由于此茶的岁月感正是渐入得志之年，加之一点谐音缘由，仕途中人也常认为铁观音有一种深沉的官韵。

传统工艺下的铁观音更宜用紫砂表现

冻顶乌龙

　　台湾是中国茶区中的又一块重地，以产制乌龙茶为主。而在本岛之外，台湾乌龙的市场战力尚无法与福建乌龙比拼天下，但它又在大陆地区呈现出一种逐年蓬勃的趋向。并不为大多数人所觉察的是，台湾乌龙的渗透力不仅仅体现在其在大陆市场份额之渐长，以及为越来越多的品饮人群所接受，还体现在它成为大陆乌龙之效仿对象。近数年来，大陆铁观音之发酵度远低于传统做法，转而重视其所谓清香；这样的现象表面看来是流行风潮，而追究之下，若不谈资本则主要因为两个方面的影响：一是绿茶更健康之主张，另一个更为隐性和深层的缘由则在于台湾乌龙，因为轻发酵和重视香味正是台湾

冻顶乌龙的干茶与茶汤

乌龙的独创性做法和构建的标准。随着两岸茶文化的逐年沟通共融，中国的乌龙茶已经逐渐结束曾经铁观音独霸天下的局面而替代以更多元的价值取向。

当代台湾产茶区众多，而所产之茶更是名目纷繁。然稍作追溯，我们可以将台湾的乌龙茶整理为两大类，一是台湾名副其实的本地茶，以白毫乌龙为代表；二是历史上从福建地区引种之茶，以冻顶乌龙和文山包种为代表。上文所提及的台湾乌龙所构建的重视清香之标准，正是第二类历史引种茶之特性，这也是为何铁观音等闽茶未做激烈抗争便遭受台茶标准反噬在技术上的易行性。

冻顶乌龙的得名源于其产地冻顶山，而此山之名并非是因为其上寒冷冻头顶，而是台语中绷紧脚尖的意思。因为此间终年湿润多雨，要绷紧脚尖才能踩稳崎岖湿滑的山路，这正是冻顶乌龙得天独厚的自然地理条件。

引种于大陆的冻顶乌龙，产制状况在各方面都与铁观音不无相似；它们干茶的外形也甚为一致，介于半球状与球状之间。传统做法中冻顶茶发酵度轻于铁观音，加之茶胚的差异，冻顶乌龙比铁观音少了一点世故，多了一点清新和率直，就是那一抹刚中带柔的飘逸。正如同文艺复兴时期的米开朗基罗显张怒发的天才背后的那丝不为人知的温柔，米氏固执地认为其禀赋是拜故乡翡冷翠"飘逸的空气"所赐，他的天才总是淡淡地连带着对世俗的不屑和轻蔑，悲哀而清明。冻顶的气质，也在于成熟内敛里亦然隐藏着不卑不亢的飘逸，沉稳却并不沉闷。

冬季和春季所采制的冻顶茶，可溶物最多因而滋味最为醇厚；秋天所采制的冻顶乌龙，常常会被认为味薄而不够回味。冻顶的秋茶尽管没有春茶醇厚，却尤其多了如同传统水墨画意境般不可着意所得的香味；稍显单薄削瘦，却多了几条可见棱角的倔强。冻顶从

「浮云不共此山齐，山霭苍苍望转迷」，冻顶山一景

「云片飞飞，花枝朵朵」，冻顶乌龙的气质也宜光阴闲中过

84

春茶到秋茶，仿佛是蓄然地经历了从恋爱到别离的思念，不着痕迹。用紫砂小壶泡冻顶，该是最能深得其韵；用薄瓷的盖碗去泡，是深韵其味后放大其轻灵，仿佛促狭一个深交老友的性格里那点不为言表的羞涩；而即便是在办公桌边潦草地用同心杯泡饮，也来得避烦斗捷，在表现茶味上也未及差池。

文山包种也被称为包种清茶，它常被当作冻顶乌龙的姊妹茶。文山包种产于台湾文山等地区，据说在密封技术不及现代的清朝，此茶用双层毛边纸内外双层精叠，以保茶香，而这种包装方式则被称为包种以代茶名。

茶名		包种清茶	冻顶乌龙	白毫乌龙
外形		条索状	球状	条索状
揉捻		轻	中重	轻
发酵		轻	轻中	重
茶量		1/2 壶	1/4 壶 +	1/2 壶
水温		90℃	90℃	85℃
冲泡时间	第一道	55 秒	60 秒	50 秒
	第二道	25 秒	30 秒	25 秒
	第三道	45 秒	50 秒	40 秒
	第四道	80 秒	90 秒	90 秒
	第五道	2 分 30 秒	3 分	2 分

文山包种之茶形与冻顶大相径庭，由于其揉捻极轻，制成后的干茶呈条索状而自然卷曲。而包种大概也是乌龙茶中最重视清香的茶叶了，其所采茶青之嫩度高于冻顶，发酵度也比冻顶略低，故而在冲泡时水温可略低于冻顶乌龙。乌龙茶在台湾地区的发酵阔度可谓最广，有白毫乌龙的发酵重而最接近红茶，亦有包种清茶的发酵轻而接近于绿茶；故而包种清茶的年龄感正是介于青涩与成熟之间，初涉人事而朝气蓬勃。相对于中年人聊以自嘲的黏稠岁月中，青葱苍黄、白驹跟跄，包种清茶便像是文艺清新的台剧里，少女的长发和裙袂在风中翻飞，单车少年疾驰而过留下香皂味道。

白毫乌龙

　　称白毫乌龙为茶中奇品丝毫不为过，这种在台湾地区创制的茶叶是当之无愧的宝岛之光。它可能也是拥有着最多名号的茶叶，除了白毫乌龙，它还被称作东方美人、香槟美人、三色茶或五色茶、着延茶、膨风茶等，以至于我们尽可以从这些不同的称谓来了解白毫乌龙的独特之处。

　　白毫乌龙之名开门见山地道出了该茶的最大特点。如前所述，茶叶之白毫是其品质和价格的一个侧写，因为白毫是芽茶嫩度的一个表现，茶青芽叶的嫩度越高，则白毫越多。不同于绿茶和红茶，乌龙茶一般而言并没有这个品评标准，因为乌龙茶之茶青均是采制成熟的叶片，不会产生白毫显现的现象。可见，白毫乌龙是乌龙茶中之一枚特

白毫乌龙的干茶与茶汤

87

茶叶称谓	命名角度
白毫乌龙	茶青、发酵
三色茶／五色茶	干茶颜色
东方美人	茶汤风味
香槟美人	茶汤再调制
着延茶	生长特性
膨风茶	品质、价格

立独行者，它是唯一一种采用芽茶作为茶青的乌龙。喝遍天下绿茶，你所尝试的皆是未发酵的芽茶味道；饮尽世间乌龙，也无非均是发酵叶茶之滋味；而红茶的口味则是芽茶发酵尽致的结果。只有白毫乌龙，能让你体味将芽茶发酵，而发酵未尽的无双感受。

白毫乌龙是一种重萎凋重发酵的茶叶，若连类比物，其风韵与重萎凋全发酵的红茶似乎更为接近；但由于白毫乌龙的重萎凋轻揉捻特质，亦使得其情致和重萎凋未揉捻的陈放老白茶有一些鸣鹤之应。揉捻的性状可一目了然于干茶形态，而从茶叶冲泡之后叶底的含水程度可以大致判断成茶的萎凋程度，除了白茶这种可经年陈放之特例外，萎凋程度的轻重一般应是与发酵程度相一致，但与揉捻关系并不大。由于白毫乌龙的茶青虽为芽茶而又行重发酵，故而其冲泡水温也应接近乌龙茶和红茶标准。

白毫乌龙之干茶呈条状，自然卷曲，其芽心满挂白毫，第二叶偏红，第三叶偏黄，因此又被称作三色茶；也有人称其干茶可辨出白、绿、红、黄、褐五色，故而也谓之五色茶。无论三色还是五色，都是依其干茶的颜色加以定义。在绿茶中谈及龙井时，之所以有莲心、旗

萎凋	发酵	揉捻	茶叶
轻	轻	轻	文山包种
中	中	轻	岩茶
	微	未	白茶
重	重	轻	白毫乌龙
	全	重	红茶

枪及雀舌之分野，在于不同等级之芽叶经揉捻后的外形趋异；而白毫乌龙在经过发酵之后，其芽叶则生发了色彩上的丰富变化。

绿茶讲究在清明或者谷雨之前抢春采制，乌龙茶一般在春、秋或冬采制均可，而白毫乌龙则是在端午前后即夏季采制。其中的原因颇有趣味，因为上品的白毫乌龙其新叶在成长中需要经过一种叫小绿叶蝉或名小浮尘子的虫子叮咬，而虫蝉自然是活动在夏天，只有这种被小浮尘子叮咬过的茶青，在制成之后才会有专属于白毫乌龙的那一种味道。这也就是为何将白毫乌龙言为茶中奇品：特定的茶树种群繁衍，特有的地理风土加持，加之这种特殊叶蝉之变害为宝，这使得白毫乌龙之复制难度极高。当然，近年来福建地区亦有选择特定树种，经浮尘子着延，依照台湾白毫乌龙标准的茶叶产制。

着延茶的称谓正是因为"着延"在台语中为蔓延及虫害的意思。白毫乌龙着延程度越高，冲泡之后的叶底就会越硬，同时叶底也会越小，因为被蝉虫叮咬后嫩芽几乎不再生长。大自然无言而神奇，生命之间的共处依存并没有绝对意义上的利害之别；本是虫灾之害，却成就了白毫乌龙的不二风味。佛家说烦恼即菩提，任何貌似之弊害都可能是智慧和欢欣种子，它们能不能发芽，全在于我们如何待之。

"膨风"就是吹牛、夸海口之意。白毫乌龙因为品质高而价格攀上，因此旧时喝白毫乌龙会被斥责为排场作势，有吹牛之嫌，这正是膨风茶得名之由来；这和只采一芽的龙井被百姓鄙其功利之用而称为马屁茶有异曲同工之处。从唐宋开始，茶饮就渐不再是专属于贵族雅士的小众爱好，常鳞凡介之辈亦可企及，在千年流传中更是深嵌入百姓们柴米油盐酱醋茶的寻常生活中，所以茶叶这枚介质在讽喻时事时甚为得心应手。

东方美人这一名字的由来是白毫乌龙身上最具传奇色彩的故事，传为英国维多利亚女王品尝了此茶之后，大赞其形何摇曳味何香甜，非"东方美人"不能形容之。于是乎，东方美人这个名词便成为白毫乌龙最常用的名字，也正因为这个称呼，人们常常将白毫乌龙的形象比作娇艳的女性。而如同一百位读者眼中会有一百个哈姆雷特，不同饮者对于同一种茶叶全然可以作不同的解读，而我们也可以从自身文化的角度去理解它。白毫乌龙深沉的发酵度使得再香甜的味道也掩盖不住其男子特质，在其他茶叶中难有与之相似相比的对象，它如同《红楼梦》中的贾宝玉，世间唯一无瑕美玉，每每流连在脂粉香中。

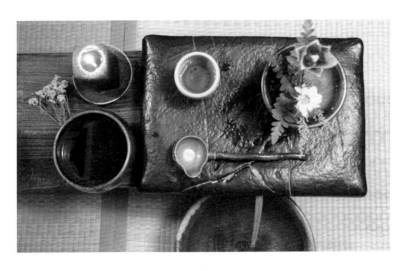

东方美人的茶席可比其他乌龙茶带入更深重的暖色调

东方美人的茶汤可行再调制，加入冰块亦是方式之一

　　香槟美人的得名一方面是因为白毫乌龙的茶汤或有些许香槟的醇甘；而更具可操作性的缘由是，西方人喜欢在白毫乌龙的茶汤中加入一滴香槟，以激荡和淋漓其曼妙口感。自然，在尽量不破坏茶汤的同时，品饮行为完全可以根据个人习惯加以调制，毕竟在汉唐时我们还会往茶汤里加入调料，而宋代的贡饼在相当长时间内也都入龙脑之香。我们既可以追求单纯的茶汤之美，也不妨契合特定氛围拥获再行调制之乐；毕竟饮茶从来不是拟规画圆，更无须墨守成法，若君意欲，天马行空或匠心试错之又有何不可？

红茶

红茶在英文里被称为『黑茶』，这从特定的角度反映了茶事文化在中西世界的差异。汉语语境里的红茶是对茶汤颜色的描绘，而惯于将茶汤再行调制的西方人则选择了相对稳定的干茶颜色定义其称谓。

在林林总总的茶叶品类中，红茶的产制和饮用量冠绝全球，换言之，它是最为世人所接受和偏好的茶类，当然这个结论的得出是基于将西方国家一并统计在内。虽然在中国及日本等东亚范围，长期以来不发酵茶及轻度发酵茶占据了市场消费的主流，但在西方及西式化生活的国家里，人们所消费的茶类主要是红茶。就产制地而言，除中国之外，印度、斯里兰卡等国家都是世界上非常重要的红茶产地，其中中国对于红茶的栽植无疑最早，甚至于国外的一些知名产地的红茶树种，如印度大吉岭，亦是引种于中国。

红茶在英文里被称为"black tea"（直译为"黑茶"），这从特定的角度反映了茶事文化在中西世界的差异。中国传统的饮茶法纵然经历了唐煮、宋点和明泡的转变，但始终不变的是以茶汤为核心，因此同前文里的绿茶和青茶（乌龙茶）一样，汉语语境里的红茶是对茶汤颜色的描绘，而黑茶则另有其茶，其黑之形容同样着眼于茶汤之色，我们将在后文中讲述。在西方世界，红茶所冲泡出来的茶汤多经由各种花样的调制后再行饮用，不同方法调制后茶汤颜色各异，如加奶则汤色由红往白过渡。因此，西方人选择了相对稳定的干茶颜色定义其称谓，即最接近红茶干茶颜色的黑色。对中西方红茶命名的差异，市坊间流行的观点是因为红茶在中国刚被创制时称作"乌茶"，故而西

火山灰烬成就了肯尼亚的红茶园

方人作此转译；笔者未曾考证过此种说法是否成立，但乌茶许是依然缘于干茶了然时之初印象。在此要一并提及的是，与中国茶道核心于茶汤不同，茶类精简的日本是以泡茶行为作为茶道的核心，这也是为何日本茶道流派诸多而中国却无此现象之缘由所在。

红茶无论是干茶还是茶汤的颜色，均是由于其全发酵之故。因此红茶在制作中的发酵工序是在其先行揉捻成形之后，因为已然完全发酵，故而无须再行杀青以停止发酵。红茶亦是选择芽茶作为采青的原料，因此高品质的红茶应有同碧螺春白毫般一致的金毫，毫色由于发酵之故自白转金，而金毫多寡则显示其嫩度何如。红茶完全发酵的特性还使得其在冲泡时所用的水温可以达到90℃以上甚至沸腾。就冲泡器具而言，尽管西方人大多用高密度的瓷器冲泡和饮用红茶，但对于中国传统的非切碎的红茶而言，如紫砂这样较低密度的炻器更适合表现其成熟的韵味。

95

云南的红梯田正是滇红的色彩感

目前中国市面上的红茶根据制作方法一般被分为工夫红茶、小种红茶和红碎茶。工夫红茶如滇红、祁门红茶，而小种红茶的代表是正山小种。这样的分类只是让公众对红茶的认识更加具体化，而并不能明晰地解释不同红茶的特性。所谓工夫红茶，顾名思义即言此类红茶的制作颇费工夫，但其实所有优良的茶叶之制作都是一件费工夫的事，比如正山小种，其最大的特点即是在其他红茶的制作工艺之外又熏入了松枝的烟香。工夫红茶和小叶红茶一般都揉捻成条索状；至于红碎茶，则是西方国家最流行的形式，即在制作中加入了一道切碎的工序，因此碎红茶也是为数不多的适合制作袋泡茶而不会影响泡饮品质的茶类。

红茶的树种丰富且分布广泛，在中国的地理范围内，呈现出从滇红的大叶种，到祁门红茶的中叶种，再至正山小种的小叶种的状态。以笔者实际的泡茶经验而言，如滇红和印度阿萨姆红茶等大叶种的红茶，更适合作为再行调制的基础。

祁红与滇红

与其他大多数名茶相似，祁门红茶的产地祁门也在云萦雾绕之
处，茶园红黄土壤中所含的养分滋养着红茶树种。祁门产茶的历史可
经由史料追溯至唐朝，在陆羽《茶经》中出现了其所隶属之"歙州"名，
不过其时所产为绿茶而非红茶。祁红的历史则开启于清光绪年间并流
传至今，由绿转红的祁门茶，也由曾被品评为"歙州下"蝉蜕龙变为"群
芳最"。祁门红茶早在20世纪初的首届巴拿马万国博览会上就风光
无限，并屡次在外交上作为国礼馈赠予外国元首，可谓是中国最为世
界所知晓的红茶品种之一。

和祁红一样，产自云南的滇红也是得名于产地；和祁红不同的

滇红的干茶与茶汤

98

是，滇红之"红"并不仅仅是红茶之红。滇红诞生于抗日战争时期，特殊的历史年代下，为了保证中茶在国际市场份额以外销内援之用，故在西南后方调研试制红茶并一炮而红，最终定名为滇红。大叶种的滇红和中叶种的祁红除了产地以及由茶树品种所决定的茶叶特性和香型的区别外，制作工序及冲泡品饮方式都比较接近。红茶的茶青和绿茶一样，均多选择一芽一叶或一芽二叶，嫩度越高品质则越高。由于树种的原因，肥大鲜嫩的滇红之茶青在制作成茶后金毫较之祁红更为明显。

众多的红茶原料亦同时被制作为绿茶，譬如历史上祁红的前身为绿茶，而和滇红相对应的滇绿也在较小的范围内制作和品饮。从技术层面而言，绿茶和红茶的区别仅仅在于是否经过了发酵，就如同一块璞玉，我们既可以在开采后不加雕饰便奉于案上，欣赏其自

祁门红茶产地一景

然原初之美，亦可以施以人力刀工赋予其再行设计之妙。然而，并非所有的原石都能在镌琢之后光华重现，有的只是冠上加冠。在当代中国高速而多变的社会环境下，大众求新求变之心愈盛，因此很多绿茶甚至乌龙茶产地都尝试以当地树种来制作红茶，不顾特定的树种都有其最适合制作的有限茶类。绝大多数情况下，长久的历史已为我们做出了最优选；而我们只有充分理解这每一棵树，才不至于使其明珠蒙尘。

正山小种

正山小种和岩茶一样产自武夷山地区，被认为是世界红茶之鼻祖。在与西方的交流史中，正山小种曾以极高的姿态出现在19世纪初英国浪漫主义诗人拜伦的诗篇《唐璜》之中，出现在17世纪中期凯瑟琳公主从葡萄牙运往英国的妆奁清单中；而西方从中国进口红茶之盛况，确可谓是"泰西也有卢仝癖，岁岁争输百万钱"。作为红茶滥觞的正山小种，我们难辨其确切发轫于何时，因为难有将数则中国相关文献中的武夷小种茶等同于今日小种红茶的可信证据；而即便在相对存乎较多的海外销售和相关记录里，在Bohea（"武夷"闽南语音译）之称谓被Lapsang Souchong（"正山小种"音译）取

正山小种的干茶与茶汤

代之前，我们也很难确知英文中所指的武夷茶是否可能是岩茶；加之红茶在英国流行之前，英国人从中国进口饮用的是绿茶。因此在没有具体语境的情况下，武夷茶仅仅说明其产地，茶类则可能是绿茶、岩茶或红茶之一，譬如乾隆之"就中武夷品最佳，气味清和兼骨鲠"，其中骨鲠二字便似指岩茶之韵。通过对正山小种的多重证据汇总分析，我们可以笼统地认为它出现在16世纪末到17世纪初。

世人之所以将以正山小种为代表的小种红茶从红茶种类中另起一行，主要是正统其产地，以区别于产自桐木关之外的"外山小种"。清人王梓就在其《茶说》中记载过各外山小种相以混淆之现象："岭邑近多栽植……皆冒充武夷；更有安溪所产……皆以假乱真误之也。"可见混充名茶自古有之，不必太过惋叹人心之不古。而正山小种所用之小种树种尤为优良，陆廷灿于其较《茶说》年代略晚的《续茶经》中引载道："武夷茶……其最佳者，名曰工夫茶，工夫之上，又有小种。"

正山小种经由松枝熏制而具有的特别香味成就了其独异之美，这样的熏制工艺有着很长的历史传袭，主要运用在茶叶干燥的工序中，而在萎凋过程中也时常通过松枝熏制加以辅助。松香工序的加入正是利用了茶叶的强吸附力，而松枝青翠隽永的气息也正和武夷小种红茶相得益彰。当然，为了适应更多人群的口味，正山小种亦有不熏松枝的做法，这样炮制出来的成品一般会被专门注明为无烟正山小种。我们在生活中常听闻的金骏眉，实际也如龙井之莲心一样，是仅采芽尖而制的正山小种。我们通常认为一杯红茶温暖深厚的感觉正是温柔博大的母爱写照，而正山小种的松香正好典型地刻画了母亲辈的东方女性在穿行厅堂间历经岁月洗练之风韵。

茶名	叶形	外形	茶量	水温	冲泡时间		
					第一道	第二道	第三道
祁门红茶	小叶		1/4 壶 -		25 秒	5 秒	20 秒
正山小种	中叶	条状	1/4 壶	90℃以上	30 秒	5 秒	20 秒
滇红	大叶		1/4 壶 +		45 秒	10 秒	30 秒

　　以上谈论的红茶均是在揉捻成条索状的传统制作方式之范围内，事实上为了适应国际市场，包括正山小种在内的大多数红茶都有着切碎的做法，而碎形红茶的冲泡方式则需另当别论。按照西方人的习惯和茶叶细碎的状态，碎红茶的品饮一般是一次性的，以最常见的2克装的红茶茶包为例，将该茶包浸泡在130毫升的沸水中10分钟左右即可得到一杯充分溶解的茶汤。当然，碎红茶的茶包形式确实方便于快节奏生活中行之携带和冲泡，但茶味的起承转合等审美体验始终无法和传统的泡饮方式相媲。如欲充分感受每种茶汤独有的微妙内涵，得当的冲泡方式、茶具材质的选择，甚至泡茶环境的营造，都举足轻重地需要成其为一场哪怕短暂的行为艺术。我们但需知晓，生活奔碌之间，每一次仓促的茶叶泡饮本质上都和一场悉心筹备的茶会同等重要无异，皆是转瞬即逝的一期一会，不复重来。

「幸有西风易凭仗，夜深偷送好声来」。

饮一口有烟正山小种，便似有万千松涛入胸来

之五

普洱茶

作为后发酵茶，普洱的生命在制作完备后才刚刚开始。

普洱似是《礼记》中『恭敬、撙节、退让以明礼』的谦谦君子，其性情多与出世、虚静、参悟、禅道等相以关联。

其他的茶类均以香气和味道相较高下，而至好的普洱却是大香无香、大味无味。

在前面的白茶章节中已经对比讲述了普洱的诸多习性，在此章专门讲述普洱之前，有关黑茶这个名词需要稍作说明。比起绿茶、乌龙和红茶等茶类的名称，黑茶这个概念并不为大众熟知，大众更常提及的是黑茶里一枝独秀的普洱茶。事实上，黑茶可被认为是与前述茶类名词相并行的后发酵茶的总称。所谓后发酵茶，是指在茶叶已制为成品后才慢慢开始发酵，也就是说发酵的程序是在杀青之后方才进行的。换言之，杀青与发酵的先后顺序是黑茶与乌龙等前发酵茶的本质区别。这也便延伸出一个至关重要的特征，即黑茶和白茶一样，在制作完备之后，它的状态、口感和价值都随着时间的推移和后发酵

普洱的干茶与茶汤

的进行而不断变化，这便是其引人入胜之处。黑茶的后发酵过程主要得益于茶青附着的诸种微生菌的转化过程，此外茶叶本身的酶促作用也有一定帮助；关于黑茶后发酵的具体原理和逻辑可以参阅前文白茶章节中的详细解释。

黑茶的历史至少可回溯至唐宋，唐代《膳夫经手录》中始载之"渠江薄片"被认为是黑茶始祖，而马王堆汉墓中出土的茶类颗粒物亦被研究者认为是黑茶前身。"黑茶"二字首次确切出现是在明代典籍中，"商茶低伪，悉征黑茶……官商对分，官茶易马，商茶给卖"。而今日国内市场上的黑茶除其佼佼者普洱之外，还包括湖南的安化黑茶、四川主要销往藏区的边销茶，以及湖北、广西一带的黑茶。

云南之物象风土自古被认为异俗殊风、别种殊域，普洱茶因产自普洱地区而得名，概括而言，它是以云南地区大叶种的晒青毛茶为原料的后发酵茶，其形态既有散茶，也有通过紧压制成的茶饼和各式大小的砖茶、沱茶等。清汪士慎以"封裹银瓶小""入贡犹矜少"写之的普洱蕊茶，即是极为细嫩的满毫芽尖；而乾隆咏以雪烹茶之诗"小团又惜双鸾坼"中之小团即为普洱团茶。总的来说普洱成品以紧压后的茶饼居多。普洱茶饼多以七两（旧制，约357克）为重，每七饼为一提。这样规格的包装是沿袭被朝廷采用的历史习俗，其时官方颁令以标准化亦可极大减少边境贸易和税收之纠纷；世人亦认为七子饼之形式是取"七七四十九"这个数字的吉祥之意。中国的云南地区被主流学术界认为是世界茶树的原产地，而传统上普洱茶的产地则是云南的六大茶山，如清人阮福于《普洱茶记》所载之"茶产六山，气味随土性而异"。这六座茶山拥有中国近一半的树龄千年以上的古茶树资源；采青于这些古茶树的普洱实属茶中珍品。但这三十来株的千年野生古树所能提供的采青原料有限到可直接忽略，如若我们有幸得以品尝到，那自然是珍贵的体验；而在日常生活中，

「云南更在青天际」，天际间的茶山与村落

一般百年树龄以上的原料即被称为古树普洱。树龄实在无须着意追求，毕竟在茶则中茶叶既定的情况下，一杯普洱茶汤的味道便全然在于你的冲泡态度和内在感受。

关于普洱茶的分类，我们常常会听到"生茶"和"熟茶"，那么何谓生熟二茶，二者又是以什么为区别呢？事实上，这两个概念的形成相当地晚近，不过是在20世纪70年代伴随着普洱茶渥堆技术的发明运用之后方才逐渐流行开来。在前文讲述黄茶对比焖黄工艺时，我们已述及渥堆技术。简单地说，传统的普洱工艺所制作的成品正是生茶，需要放置积藏，让其在空气中慢慢陈化发酵，方得普洱茶之韵味；从这个意义上讲来，我们用陈放普洱来定义久置之后的生茶更为妥当。同样，熟茶则可被定义为渥堆普洱，它是经过了人工渥堆这项使茶叶快速发酵的工艺，使生茶青绿的色泽变为黑褐，使其冲泡出来的茶汤口感尽量去接近生茶陈放了数年后的效果。然而，这些概念都是相对的，譬如生茶陈放了数年后是不是该称为熟茶更为贴切，又譬如积藏多年的渥堆普洱算不算陈放普洱。

布帛盖覆着渥堆进行中的普洱，也盖覆着较生茶而倍速前行的时间

109

诚然，渥堆普洱与数年陈放的普洱茶汤滋味终归是凫短鹤长，无从并论，但渥堆普洱的确是大众饮用的最优选择。我们可以从两个方面稍作分析，一是数年的陈放普洱数量少而成本高，价格因此不断攀升，且一般的消费者难以将真正的陈放普洱从大量作伪充数的渥堆者中区分出来；二是渥堆普洱不仅价格相对适宜，且在制作得当的情况下茶汤滋味亦是姣好，而尤为重要的是，与生茶胜于陈放一样，渥堆普洱亦可继续陈化。市场上将生茶制作成散茶的情况并不多，因为茶饼或沱茶等紧压成形的方式更方便其积藏过程中节省空间。

我们一般认为普洱茶愈陈愈香，但是由于可追踪的时间段漫长无期，其变化规律难有成熟系统的数据加以比对。譬如普洱茶的黄金存放时间是数十年还是数百年，这期间普洱茶的变化又会呈如何的曲线，而显然这样的数据追踪并不是短时间内所能完成的课题。尽管如此，我们目前依然有一些可以达成共识的经验性数据可供参考，比如熟茶积藏接近十年才能冠以陈放普洱的美名，而生茶则可能需要积藏十五年以上。正是因为漫长的岁月感，普洱比起其他茶类来更像是可以在时光流逝中伴随你共同成长的知己。笔者常会赠送新婚燕尔的朋友一枚当年的普洱新饼，请他们在每一个纪念日都掰下一些自行冲泡品饮，年年岁岁花相似，而岁岁年年茶与人的状态皆不同。

普洱茶除存放的时间之外，存放的环境也至关重要；如若环境不当，年头再久也是枉然，甚至反而会破坏茶的滋味。普洱的积藏首先要把握的原则是甄选一个洁净通风且无异味的空间，可以想象，有着强吸附力的茶叶如若置于异味环境中几十年，会是何等不堪。当然，也可以利用普洱的这种特性让其吸收相匹配的气味，比如市场上也有利用柚子皮包裹普洱进行存放的方式：一方面柚子皮本身也具有较强的吸附性，能够在一定程度上阻挡异味；另一方面柚子皮所特有的青涩香苦的清新之味也和普洱相匹配，这样陈放过

「雨足郊原正得晴」，
云南农家的产茶季

111

的普洱别有一番滋味。其次，普洱存放环境的温度和干湿度也至关重要，普洱茶界关于干仓和湿仓存放孰优孰劣的争论始终各执一端，且在未来短期内也难分伯仲。对于干湿仓之争，笔者的个人意见是：其一，并无绝对意义上的干仓，因为如若没有一定湿度，普洱的后发酵便缺少相应的条件；其二，过度的湿仓虽然能显著加快普洱后发酵的进程，但同时也使得茶叶容易感染杂菌，如此存放之后的普洱泡饮起来霉味明显，虽然亦有饮者专门追求这种湿仓霉味。我们对这样的味觉审美不置可否，但需要注意，如此追逐效率而湿仓过度的普洱，是否会存在一些健康隐患。

我们之所以费了一大番笔墨讲述普洱茶保存问题之种种，是因为作为在完成制作后方才开始后发酵的茶，普洱茶的保存方法与其茶汤的关系较之其他茶类确实来得更为紧密。虽然普洱茶是我国各茶类中最不简单的那一个，但其冲泡的方法并不比其他茶类复杂。其一，对于新制的生茶，其各方面的属性和绿茶最为相似，因此散茶的用量、水温和冲泡时间均可参考大叶种的绿茶。而对于压制成型的生茶，

茶类		新制生茶	新制熟茶	
外形		块状	散茶	块状
茶量		1/4 壶 -	1/4 壶	1/4 壶 -
水温		80℃	90℃以上	90℃以上
冲泡时间	第一道	60秒	25秒	25秒
	第二道	10秒	即冲即倒	5秒
	第三道	5秒	5秒	即冲即倒
	第四道	15秒	30秒	25秒
	第五道	35秒	70秒	50秒

则应视其紧致的程度在每一道增加冲泡时间，紧压度越高则冲泡时间相对延长。其二，对于渥堆过后的熟茶，其茶的用量、水温和冲泡时间均可以红茶为基准，在其基础上水温略高、用量略少，而每一道冲泡时间则略短。同理，对于压制成型的熟茶，亦视其紧压程度在每一道增加冲泡时间即可。其三，对于陈放了一定年限的生茶，则应当根据经验视其具体情况，在冲泡的各项数值上选取介于生茶与熟茶之间的某个点值。

普洱的保健功效特别是减肥之用所受之追捧自古有之，《普洱茶记》称其"消食、散寒、解毒"，而《本草纲目拾遗》更誉其"能治百病"……不一而足。事实上，所有的茶类在健康方面皆春兰秋菊、各有所长而已；而作为后发酵的茶类，普洱之寒性已然降到最低，因此对肠胃及整个身体的刺激亦减至了最温和之程度。

压制为一两次置茶量的普洱薄片
得外出携带之便

中国高原地区以肉食为主的民族常年饮用黑茶和普洱以去油脂，正如明代《物理小识》所载之"普洱茶蒸之成团，西蕃市之，最能化物"。此外，普洱在缓解各种心血管疾病方面效果也较为显著。用普洱养生，可按个人爱好加入菊花、玫瑰、枸杞、蜂蜜等调制出不同的味道。需要注意的是，作为一种聚氟作物，茶叶的氟含量与采青的粗老程度成正比，而高原地区煮饮黑茶的习惯会使得氟更多地溶出。适度摄取氟能强齿，但摄食过量则会有害于身体系统，故而最好不要经常煮饮粗老的黑茶，毕竟现代的制茶工艺主要以泡饮为出发点，而在泡饮时亦可先行沸水洗茶以去氟。更为谨慎的做法是，嗜茶常饮的族群应该考虑减少甚至不使用含氟牙膏。

近人曾谓"普洱之比龙井，犹少陵之比渊明"，老成忧天下的杜甫之于普洱，超逸清雅的陶潜之于龙井，形容不失贴切。普洱品格亦与武夷岩茶孤傲不羁、自惜白羽的君子风度不同，它更像《礼记》中"恭敬、撙节、退让以明礼"的谦谦君子。普洱的性情多与出世、虚静、参悟、禅道等相以关联，虽然其饮用群体愈来愈年轻化，但总体说来偏好普洱者多为年纪较长或心智稳重的族群；就性别而言，男性较女性更多好之。其他的茶类均以香气和味道相较高下，而至好的普洱却是大香无香、大味无味，欲赞而词穷。

世人常说最完好的人生是拥有三段恋情，如果用茶类相比拟的话，绿茶是懵懂单纯的初恋，乌龙则是让你懂得爱与被爱的最淋漓的恋情，而红茶是陪你进入稳定婚姻关系的另一半。至于普洱，似乎代表了之外的第四种情感，更如同每个人都会有的那一位无以名状的红颜或蓝颜知己。你们的初识并不是因为喧嚣舞池里或元宵花灯下的回首心动，它也并不是平日里最不可或缺的那一个；但随着冬春荏苒、寒暑流易，它最终慢慢地成为最懂你的心情、最让你释怀、最无关现实名利的那一个。

于内外交界处品饮普洱，
抽离世界的旁观性会大于
参与现实的游戏感

卷下

茶事

之六

语境

语境对于表达之限定并非是一种消极制约，而使茶之对象得以成立并被施以特定意义。在中国茶道的建构与表意系统之上，中国人之茶，从来无关疗渴、未及咏志，不过关乎内心究竟云尔。

我们在现实生活或文本中涉及茶或与之相关事时，即便是意图确切地直指某一具体的盏中之茶，其时的表达也一定受制于当下的情形——如上下文、表达者的个人背景和观念、表达的场合和对象、承载表达的介质，等等——更不用说我们论及的可能会是关乎茶的更抽象的概念、不确定的意象、审美或价值之判断等不遑枚举的情况。故而，任何关于茶的表达皆是在一定的语境中进行的，而我们试图去完成理解甚至进一步去做出判断的行为，也都是我们在试图进入表达者语境的行为。

此外，我们还应当意识到，语境对于表达之限定并非是一种消极制约，正是因为框界之存在，茶之对象才得以成立并被施以特定意义；并且框界之外，语境亦同时支撑和丰富着其中的对象。当然，不光是茶，我们在论及任何事物时皆无法跳脱当下语境；而在本书中，中国茶作为具体对象时，之所以较之其他事物我们更在意其语境，也是建立在其丰富性、不定性，以及由此带来的更多可能性上。

在本书卷上中，以茶类为核心的讨论基本未超出茶本体之畛域；而卷下将涉及之茶事，也均在就事论事的范围内铺展。故本书在做出定义、描绘、解释、判断和讨论时，字面上并未着意强调特定语境，然实则本书章节及逻辑结构已自我界别，即立于被历史和传统影响的当今，面向思维和品味多少西化的大众，依循地域及派别偏好之上的客观标准，摒弃规训流习和刻板效应。

茶之语境并非一个可从现实中选择性剥离出来的舞台化系统

建 构

为了方便理解和界定，若我们刻意将茶事结构化，或换言之，试图把关乎茶事的诸多含混因素分离后再行归类并纳入某个系统，那么此处或可搭建一个金字塔模型作为一种思路，从塔底到顶端逐次为根柢结构、流通结构、文化结构和观念结构。

根柢结构为茶事之支撑性系统，它因循其底层逻辑并体现基本功能，主要由农、饮、药、娱四个方面夯筑而成。茶之农体现了我们对茶树的人为干预，自从祖辈们选择野生茶树进行驯化，栽植于我们规划的茶园中，我们便随着生产方式及技术条件的革故鼎新，随着口味及潮流之变动，去培育不同的树种和改变茶叶的制作方式，俨然契合了我们传统上作为农业定居民族之气质。即便是惯于批风抹月的宋徽宗，亦于《大观茶论》中详尽种敛稼穑，著地产篇述及茶树栽植之地理环境，著天时、采择和制造等数篇述及茶叶之制作。

茶之饮，作为其基本功能最易理解；而茶之药用，是从其基本中分离出来的特殊功用。药用之茶胜于饮用之茶并非仅存于先人事茶之初的久远回忆，茶叶一直是我们传统草药方剂中重要的一味，有其特定的性味归经，故而我们会被告诫勿要以茶服药，避免改变药性之可能。颇有意思的是，作为舶来品，西方世界在初识中国茶时亦是以药物待之，这早在文艺复兴时期的意大利学者赖麦锡的《航海旅行记》

院后春水煎茶即是

根柢之饮、之娱

一书中便留下了证据。而到了17世纪中叶，位于伦敦皇家交易所附近的一家咖啡店，Thomas Garway，因为在英国历史上首次售卖中国茶叶而留名世界，其时它亦将茶的治疗性广而告之。而此时，另一端的我们已然历经了唐茶和宋茶，西方人崭新的茶史一举跃过了中国的煮点之时代，径直同步了泡饮之法，却又轮回了中国千年前的药饮之兴。

最后，茶之为娱更毋庸赘言，文人百姓行茶代酒、斗茶如攻战、赌书泼茶、贪得茶酽春浓……甚至于修行者借茶修心、以茶参禅等，皆是借由茶或茶事而滋生的消遣和体悟。

流通结构是茶事之第二层建构，它主要建立于成茶从制茶者之手移交予饮茶者这个过程上。除却少量的馈赠及以物易物行为，流通结构承载了茶在商品化过程中的重要一环。传统社会里制茶者与茶树栽种及采收者基本为同一批人，从种采连接至制作之环节几乎未参与流通结构，到现在依然变化不大，因为即便工业化社会对精细分工的要求愈甚，制茶者还是需要足够熟稔当年茶叶的具体状况，他们和种植者有着相当重合的背景。

美籍奥地利人约瑟夫·洛克（1884-1962）于20世纪前期拍摄的马帮通过思茅海关正关楼，所荷货物为景栋棉花；其时茶叶也是以同样的形式完成流通结构

茶事或因成其为生活方式而上升到文化结构

二月制成输御府、漕臣与转运使、黑茶与羌马、君不见走马行川雪海边、或又沧溟八千里……前人留下了可先斩后奏的押贡令牌与佩剑，留下了浪漫恣意的行旅诗篇，也留下了茶马古道和陆海丝绸之路艰辛遥长的记忆。而今，现代茶叶的运输从这些路线中抽脱出来，和其他商品一并被纳入了独立的物流网络，并经由现代社会茶叶的品牌化运作而深化着此流通结构。

文化结构是再上一层之建构，本书卷下将至之古品篇属于此中，而传播篇亦是着重于通过流通过程而生成的文化性建构。总体而言，文化结构是茶事在其物质功能和娱乐功用之上，成为自生自洽、被独立审视之对象；是茶道的流派分化、异域新生；更是茶事与其他形式如诗书画乐、器具香华、祭祀礼仪、饮食习俗、生活方式等之交合。

以上主要形式之外，文化结构中亦有一些比较特殊的形式，多为民间文化，比如偶像崇拜。言其特殊，是因为它有一些辅佐根柢结构的功能，又体现了观念结构的集体心理建构。唐李肇于《国史补》中载："巩县陶者多为瓷偶人，号陆鸿渐，买数十茶器得一鸿渐，市人沽茗不利，辄灌注之。"又北宋欧阳修于《集古录》跋尾载："至今俚俗卖茶，肆中多置一瓷偶人，云此陆鸿渐至。饮茶客稀，则以茶沃此偶人，祝其利市，其以茶自名久矣。"此处利用陆羽造像，约同于民间拜关公之行为。又比如清蒲松龄将茶道具化，《聊斋志异》中由茶通灵、借茶蛊惑、以茶祀神等，皆属于由茶衍生出来的文化结构形式。

观念结构是茶事之顶层建构，它相对最为抽象、最难干涉，基于较大基数的群体或民族心理构建，并需要极其漫长的时间稳定其存在。中国茶道的观念结构难以一言蔽之，若将其作为审视的客体，则必然涉及其相当的含混和复杂性，涉及其对强语境支撑的需求。当然它并非不可解，其解法固然不定且因机而变，我们或可以中华民族传统心理结构为依据，以茶事之世俗性为背景，从与世俗性相对的儒释道三位一体的神圣性着手，为茶事的观念结构提供一个解法之思路。故而，不论三教合一之异曲同工或殊途同归，此处仅酌量例举说明三者如何各司其职于茶事之观念结构。

因"二王八司马事件"而留名唐史的宦官俱文珍以"茶之十德"说而展示了其另一面，尽管其十德说泛泛而谈修身养心、和敬待人云云，却是记载中最早确言茶德之第一人；而茶德说之滥觞历历可考，即陆羽所谓茶之"为饮最宜精行俭德之人"。和敬待人自是入世的儒家互相成就的共生之道，佛家出身的陆羽所谓之精行俭德亦是儒家习用的比德之情，也就是将特定的外物附会以人的道德内容，像我们常说的仁者乐山智者乐水、松柏后凋、宁可枝头抱香死等比德之例，在人化世界中俯拾皆是。之外，中庸谦顺、仁义纲常等一切儒家所笃信的道德观也都因势倾注进了茶道里，儒家之主张因此而彰明较著于茶事的观念结构中。

茶事观念结构中的道家因素亦是朗朗分明，有卢照邻之孙卢仝谓之"五碗肌骨清，六碗通仙灵，七碗吃不得也，唯觉两腋习习清风生"，有全真七子之马钰谓之"天赐休心与道家，无眠功行加"，有南宗五世祖白玉蟾谓之"采取枝头雀舌，带露和烟捣碎，炼作紫金堆"……皆是道家借茶修身修炼之体悟，也是常人不易亲身获取之体验；而让世人可以感同身受的是，有更多不可胜数的例子将茶事与恬淡隐逸的出世决意、与野麋林鹤的神仙生活等诸种道家所求连接起来。于是乎，茶之为饮者无为天成又道法自然的理念得以深筑于茶道观念结构中。

　　比起儒道二家，佛家与茶道的联系似乎更为天然，一是因为茶禅一味诸观念之深入人心，二来由于茶圣陆羽，以及将茶道东传日本的最澄和荣西，皆为空门中人。早在西汉时，吴理真便于蒙顶山种植茶树，其后佛寺自辟茶园、自制茶叶之景象渐行兴盛。将茶味苦涩附会于四圣谛之众生皆苦固然是无稽穿凿，但茶饮确是帮助僧人们在静坐中肃清昏沉、警敏内观的契妙之物，故而全面融入了寺院生活中。随着寺院茶之发展，唐代禅师怀海之《百丈清规》应运而生，这部佛门法典影响了整个东亚茶道之仪轨，纵然我们可从中尽寻茶礼规式，但对于色空无常的释家而言，茶事之用实则不过是护持修行与证悟涅槃的一味介质而已。

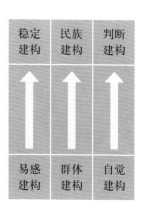

表 意

在下一章"法则"中,我们将通过形象具体的事例,从时空存逝之不同角度阐释茶事、茶席空间和茶的表意逻辑,譬如茶叶与器具的搭配、以茶代酒、设立主题茶席、设计茶席插花等,此中完成表意行为的主体是当下生活中的个人和小群体。而在微观的表意行为之上,基于集体、民族、国家等行为主体,茶本体还有着更为宏观的表意系统,譬如民族记忆、文化归属、商业市场、殖民、战争、传播、隐喻、迷信……依据其所处的具体语境而定,存在于前文金字塔模型中的各个结构中。

波士顿倾茶事件即是茶叶在战争与殖民中的一场表意行为

我们且以具体的茶席为例，先从微观的表意行为谈起。通常，一个主题茶席的表意，和我们经典的传统艺术作品表意不同。在西方经典艺术语境下，以希腊神话和基督故事为母题的美术作品，其图像的表意系统近乎一目了然；到了印象派之后，即便艺术家和观众不再深究图像的深意，而更注重作品本身带来的感受，但是艺术作品通常在"为何"（是什么）这个表意层面上是清晰的，或可通过分析得出结论。譬如我们观看梵高画作《向日葵》时，在其表意辨识的第一个层面即画中物为向日葵上是没有异议的；分歧始于第二个层面"何为"，即这几朵向日葵到底表现了生命的热情还是狂躁的压抑，是"挣不脱的夸父"还是"飞不起来的伊卡瑞斯"，而若继续推进更深层面的分析，则会随之带来更大的分歧。

在中国传统书画的语境下，上述观看模式和表意行为略有区别却大致相当，中国传统主流绘画作品的母题多为山水，因此中国人对其表意的第一个层面的辨识实际上是个"弱辨识"，因为山水是我们眼中和心中预设的主题，我们顶多会去辨识其为含笑春山还是如妆秋山，水是苍伟北水或潇湘南水；进至第二个层面，我们才真正开始对其笔墨意境做出判断。书法作品更是如此，第一个层面的弱辨识是我们会自然地认帖读字，而未必会特别留意其具体内容所指，因为第二个层面的笔墨意趣才是中国观者的审美重点。

某一主题茶席之表意方式与上述情况不同主要是缘于表意介质之差异，茶席之核心介质是茶汤之味，还辅以干湿茶之味，是以味觉为核心的表意方式。然而核心介质并非我们可以获得的第一印象，当客人由远及近地进入茶席空间，其中的视觉展现方为第一印象，大至茶席的整体设计风格印象，推进至席上的插花、造景、器具搭配，及至手中杯盏。当然也不排除存在将声音和气味作为第一印象进行引导的茶席空间，但这二者相对视觉并不稳定。且在以嗅觉为引导的情况中，无论干茶、湿茶还是茶汤的气味，因其体量所限都很难成为介入茶席空间之第一印象，而主要是以焚香或以香料模拟茶味之形式，故而离核心介质又拉开了距离。

茶席可通过设计和颜泽的简朴而消解其形式，将表意让渡予客者去理解

故而，从参与者之角度，比起上述东西方之经典艺术语境从"为何"到"何为"之递进的两个层面，茶席的表意系统更倾向于是从"判断"到"验证"。客人进入茶席时由以视觉为主的印象建立初始判断，最终完整地品饮到杯中茶汤，从而复验初始印象。验证的结果无非是因一致而加深、因不同而改变和无从判断三种情况，这也是茶席之表意行为的不同结果。试举一简单粗暴之例：进入一茶席空间，满目色彩素泊、材质澹漠、泡者存在感低，你直觉即品之茶应为白茶恬淡或绿茶娴雅，品饮后所料果然，于是乎第一印象加深，这是第一种情况；第二种情况是，未料满口鼻芬芳馥郁，恍悟所有形式之低佥皆为反差突出牡丹窨制花茶之华丽夺人，于是更正了第一印象；第三种情况则也许是品饮到了一种不熟悉的调制茶，你无从将茶席设计和茶汤表现之间建立关系。当然，无论是哪种情况，饮者的观感未必与设计者初衷一致，且饮者会在接受过程中再度创作和重新解读，这一点上亦与我们观看艺术品颇为一致。尤其需要强调的是，独立的一碗茶汤亦能完成表意，甚至这种情况在日常生活中更为多见，此处将其置入一个特定茶席空间中，是为了建立一个更易读的叙事语境。

　　我们再从宏观的表意系统来看，和现代区别甚大的是，古代中国茶事表意系统更富精神性，这当然并非是一个基于崇古厚古思想的结论。该结论的基础一方面是因为在长久的历史迁变中我们可能遗失了不少相关证据，另一方面更是在于，作为茶事行为的物质基础，茶叶的品类和数量在古代远不及现代丰富。这一因素直接影响了茶事表意系统的物质性，即与茶本体直接相关的表意。

　　具体言，在古代的某一具体时期，虽然不同社会阶层所用之茶在品质、形制、采制和品饮方法上必然相异，不同地域亦存饮茶风俗之别，但这种差异性所带来的纷呈并不足以相比现代社会多种茶类并行、工艺方法多元之状况。现代社会茶叶种类的丰富使得茶本体自身即富独特性和叙事性，本书卷上赋予各种茶叶不同的人格特征即是基于此。故而，我们虽然很难断言在现代社会茶事表意系统中物质性和精神性这二者孰之偏胜，但在讨论古代中国的语境下，基于其所有的习俗、流传、文献和考古等历史材料，其精神性确而更胜一筹。

而这些留存的历史印迹中，我们可以通过皎然的一首诗或徽宗的一幅画去解读某一具体的茶事情景的表意，也可以通过法门寺地宫考古或《红楼梦》这样体量的文学作品看到一个宏大的时代如何通过茶道而叙事，我们甚至得见茶事表意之价值取向在朝代和群体间的起承转合。

一千多年前的唐代中国，陆羽借由如此微物而叙事，鸿渐之茶，在禁火之时、在野寺山园、在松间石上；宋诗继承了这样的理想，杜耒之茶，正寒食汤沸、正竹炉火红、正窗前月梅；明代寮舍一以贯之了这样的浪漫，平泉之茶，要凉台静室、明窗曲江、松风竹月，要晏坐行吟、清谈把卷⋯⋯中国人之茶，似精雅而尊顺节令，却又不羁至亘越古今；似豪纵而翻覆山海，却又隐敛至身外难寻。正如那一首歌：不羡黄金罍，不羡白玉杯，不羡朝入省，不羡慕登台，千羡万羡西江水，曾向竟陵城下来。中国人之茶，从来无关疗渴、未及咏志，不过关乎内心究竟云尔。

人与茶山的天人之际本身
即是一个盛大的表意系统

133

之七

法则

在到达茶道的精神空间之前，还需要习得泡茶行为中内含或与其紧密相关的诸种法则；但是法则不为约束或框桎，只有在尽数掌握之后再行击破，才可通达茶之秉性与人之真我。

通过卷上对中国主要茶叶渊源及泡饮方法等内容的讲述后，也许在不少读者的眼中，泡茶行为因此而具体化为一件异常单纯的事，即选择某种材质的茶具，用一定温度的水浸泡一定量的茶叶，再于一定时间后将茶汤进行分离。诚然这正是泡茶行为本身在逻辑上的内容，但也只是技术操作层面对泡茶之定义。且不论仅仅在技术层面上的实现已然复杂，如泡茶者需要准确辨识茶叶，哪怕是一种陌生的茶叶，也需要根据茶叶的具体状态选择合适的茶具，制订茶量、水温和冲泡时间的计划，并在冲泡过程中根据每一道茶汤的效果临机制变，判断是否改变下一道的冲泡计划。如此之外，在泡茶行为中还存在着诸多层面的内容，这些不同层面的内容不仅需要以技术操作为基础，还需要通过泡茶者的文化内涵、审美取向及表达方式等才能得以实现。

多媒体之渠道使得这个时代人人皆可即时表达，论道者或风兵草甲，或曲尽其态，茶道思维也因此而泛滥。这种局面乍看之下似是茶文化百花齐放之景象繁荣，实际上有诸多可解读之处。不谈其中博取流量的个人和逐利的商家，且从社会大环境来讲，这是茶文化本身对时代突变及社会状况的一种自我防卫现象；从外来影响来看，日本茶道的文化压力亦是一部分原因，我们也一直因此而试图忽视中日茶道文化的巨大差异而试图所谓与国际接轨。这种表象的繁荣可以安抚茶人心，也可以让思考者们担忧千年来我们传承、转变和撕裂过的茶文化，在当今的文化支点会不会是刻舟求剑的那个契痕，而其中的推动力在国家意识和资本之外又剩几何。

　　笔者认为，在到达茶道的精神空间之前还先后有着两重屏障，第一重即是卷上所讲述的茶叶本体，第二重则是在泡茶行为中内含或与其紧密相关的诸种法则，即本章将讨论的内容。在穿越这两重屏障之后，我们才有可能抛除迂阔轻浮而开始接近茶道。需要说明的是，首先，本章所涉及的时空、存逝等法则是第二重屏障中与茶事相关度最高的内容，但绝非全部；其次，法则不为约束或桎梏，只有在尽数掌握之后再行击破，才可通达茶之秉性与人之真我，以获自由之可能。

学生在课堂上进行识茶训练

时　间

时间这个概念对于泡茶行为而言，至少有着两层基本含义。第一层含义是物理层面上的，即我们一直强调的不同情况下每道泡茶所需要的不同浸泡时间，或者前后几道茶汤的累计即某一泡茶的冲泡时间，又或是几种茶的累计即一次茶会的时间。第二层含义是接下来需要讲述的内容，即泡茶行为发生时，物理时间之外所隐含的具有时间感的形式，这些时间形式与茶的属性和艺术心理有关。

将高岸深谷纳入茶席，其时间观也因而更具宏大感

138

晨昏之交的茶席更加具有窗间过马的流逝感

茶类属性所代表的时间感与其采制时节基本无关，而是相关于其发酵、焙火、揉捻和萎凋等工艺的程度，其中与茶的发酵度关系最为密切。如果以昼夜为一个周期循环，以朝晨为始，或者以四序为一个周期循环，以春季为始，那么随着时间的推移，从始点至末点之间的不同时机所对应的茶性呈发酵、焙火、揉捻和萎凋逐渐加深的状态。换言之，一天之内，清晨之感最宜绿茶，晌午前后乌龙甚好，从下昼到入夜则可依次选择熟火乌龙、红茶和普洱；一年之内，春夏秋冬可以逐序饮用绿茶、青茶、红茶和黑茶；在短时间内的一次茶会上品饮两种以上的不同茶类，应按发酵度逐渐加深，即从绿茶到熟茶之递进方式循序品饮；而对于窨花茶来说，茉莉香片适宜清晨或春季，桂花乌龙最解午后困倦或夏日炎炎，以人参入味之茶则可备于傍晚或秋冬饮用。

果实亦可代茶食减少茶醉可能

茶类属性所对应的时间感无疑是饮茶习惯中的经验之谈，但这种习惯性行为是建立在生理系统对茶的反应以及茶对人体的保健功用的基准上。比如不常饮茶者在一次茶会上连续品饮诸种茶汤有可能引起茶醉反应；所谓茶醉，是茶汤中的咖啡碱过度刺激中枢神经所引起的头晕心悸或瘫软呕吐等现象，而破解之法唾手可行，吃一些糖果或茶点随即立竿见影。爱茶之人大多会觉得吃茶时食用甜点不利于充分感受茶汤的滋味，那么在茶会上尽量注意按发酵度从无到有、从轻到重，循次而进地品茶，则可在最大程度上避免茶醉发生。而在一天之内，我们选择在清晨品饮绿茶是因为它不发酵的特性使其最能振奋精神，而随着茶叶发酵度的加深，其刺激性逐渐减少，而适合更晚的时间。就四序而言，春日万物生发，与绿茶蓬勃葱茂的时间感若桴之与鼓般相应，而外物凋敝的冬藏时期，普洱的安静厚重更能与节令连接。

以上所述及之关于茶叶自身属性的时间感潜移默化地成为我们心理时间感的基础，我们因此在各样的茶和不同的人之间相应建立起了某种关联。如果为孩子准备茶会，那么绿茶的风格最适宜他们；对于故扮老成的气盛少年，极轻发酵的乌龙茶最能表达他们当前的品好；而焙过火的茶叶如岩茶等，应该是为有阅历和沉淀的中年男性所爱；年轻女性在泡茶的时候也许会有选择窨花茶的倾向；母亲会为我们准备红茶；而爷爷辈的长者则总是守着一壶普洱……

以上茶与时间及与人的对应只是为了提供一个普遍化的概念，万不可作为一个程式化的法则，在实际的泡茶行为中反而应当因时突破另立新意。譬如在秋日竹林中举办主题为"有节秋竹竿"的茶会，我们可以将竹叶青作为一种选择。虽然竹叶青为绿茶，但其似竹之形，饱满之竹韵，较之其他绿茶而独有的淡淡寂寥的情调，都非常契合这个秋日主题。又譬如为迎接冬日初雪所设之茶席，亦可选择用茉莉熏制绿茶而成的碧潭飘雪，单是从这个茶名，我们就可以想象清莹雪花扶疏水面的情景，而从隆冬寒英中品味出春意芬芳。甚至对于同一主题的茶席，我们亦可从不同的角度进行时间感上的不同解读。譬如对于一场纪念故人的茶会，既可以情及当下，选择冲泡普洱以示庄敬，亦可以追忆青春流年而选择发酵居中的乌龙，为沉重的氛围增添一些空灵和豁达。

犹如在道家气功中所谓"活子时"，即随心而动、不拘练功时辰一样，生活中最佳的饮茶时机亦式无定式。明人许次纾于《茶疏》中言及饮茶时机宜为：心手闲适、披咏疲倦、意绪梦乱、听歌拍曲、歌罢曲终、杜门避事、鼓琴看画、夜深共语、明窗净几、洞房阿阁、宾主款狎、佳客小姬、访友初归、风日晴和、轻阴微雨、小桥画舫、茂林修竹、课花责鸟、荷亭避暑、小院焚香、酒阑人散、儿辈斋馆、清幽寺观、名泉怪石；而明人冯可宾亦于《岕茶

笺》中言及茶宜无事、佳客、幽坐、吟咏、挥翰、徜徉、睡起、宿醒、清供、精舍、会心、赏鉴、文僮……可见行茶熟稔之后，择时之工不过尻轮神马，随心而已。

当我们在茶席中泡茶时，茶叶与水在壶内相遇、茶汤从壶中得以分离再被奉于各位客人的杯盏中，这个反复的过程即由泡茶者所主导的泡茶行为，是茶会活动中的时间主线。而泡茶环境之其中变化，比如茶具从静止到动态再归复静止，又如泡茶前的香道仪礼、为茶席主题而设计的插花之存在、饮茶中穿插的古琴弹奏等，这些不同的时间线条都如协奏般依附着泡茶行为这条主线而存在。而正是泡茶者和饮茶者的审美判断，物理时间和心理时间的交错汇合，才赋予这束主从有度的时间线以生机并使其流动起来。

无论作为主客哪一方，参与一次茶会从开始直至结束，当此次茶会成为过去不复存在时，恐怕在时间性上最大的观感会升华到一期一会，即此生不会再有第二次；因为下一次的茶会，又将是另起一行的新的聚合了。这样的时间观有些相近于古希腊哲学家赫拉克利特"人一生不可能两次踏足于同一河流"之箴言。比起赫氏的哲学思辨意味，一期一会的理念更重视经由茶会这一独立形式所传递的人一生仅有一次的体验，人与人、人与物在那个时空里仅有一次的相聚，这便是东方哲学藉由茶事对难以捉摸、时时生灭的所谓因缘的诠释方式。而同样重要的是，一期一会的认知本身并不教化行为主体应当因为苦短而珍惜或倾注满怀，或是因为无常而淡泊或放手豁达，它只是将生命时遇中的本质问题抽离出来，并还原给经历主体选择如何应对以获得不同体验的自由。

空 间

　　泡茶行为中的空间性因素比时间属性更容易让人理解，毕竟无论茶汤的冲泡还是茶会的进行，都发生于一定的三维空间中。这个空间小到置入干茶注入沸水的壶内方寸，大至泡茶时我们存在于其中的广袤宇宙，都与我们的泡茶行为发生关系并生成意义。

　　在泡茶中最重要的空间即是茶席，茶席是指茶事中以泡茶行为轨迹为基础，并容纳以茶事必需品为主的物质之相应空间。所谓必需品，即是指泡茶用具，如炉壶盅杯等；在此之外亦有功能意义上的非必需品，如一些视觉构成物，但对于整个茶席主题表现的完整性而言是不可或缺的部分。平常生活中一个典型的茶席也许就是我们起居室一角的茶几，铺有一块垫布，其上安置着几枚茶具和一些茶点，也许还随之有一些工艺品摆件，一个插花或盆景，而背景的墙壁上则有一幅工笔画或书法挂轴……如此一讲，似乎大家就能将一个茶席理解为一次设计和创作的结果，当然前提是满足泡茶的功能性要求并服务于此番茶席的主题。

　　因此主题是一个茶席提要钩玄之所在，围绕这个主题我们选择适合的冲泡茶叶并构思设计，另外，我们也常常为某一种茶叶而专门设计主题和构思茶席。如果打破茶席空间内的功能型元素和装饰型元素的界限——二者本来也没有截然的界限，比如茶具在作为功能性冲泡器物的同时，我们必然也精心选择了其造型、色彩和材质等，以装饰匹配于这个空间——我们可以将组成茶席的各种元素打乱再归纳为：触视听嗅味五感、固液气形态、材质、色彩、造型、是否为生命物、是否为易逝物。譬如茶席上的茶杯，为固体、传统鸡缸造型、上色斗彩、陶瓷质、触感滑润；譬如茶席上的茶点，为固体、莲叶造型、浅青色、糯米食材、手感粘黏、味觉甜软、备食易逝物；譬如插花为有生命物、易逝物；譬如焚香为嗅觉、气体、易逝物；譬如席间古琴弹奏为听觉、无形态、易逝物……当然，若通过这样的思路去解析或者构建一个茶席无疑太过刻板、技术化甚至肤浅，这里仅是为读者提供一个管窥蠡测之法，以方便快速理解。

茶席的物理空间亦能由一扇窗而靠月坐苍山

145

这个思路的提供可能会使读者产生一个错觉，即茶席应该是一个各种元素层次丰满的结构，而实际上茶席中元素的增减全然在于一个度，有时候我们也会追求极简风格的茶席设计。如果今日的茶席是为分享一款珍藏了几十年的陈放普洱而设置，那么可供采用的设计方案是，男性冲泡者着灰色简朴衣衫，无任何修饰；铺灰色无花纹粗布为桌垫；茶具尽可能精简，材质为深灰炻器；墙壁上挂一隶书体字轴"无味至味"；无花无香无琴，亦无其他修饰物；茶会前约定席间不语。只有在这样一个貌似单调乏趣的低刺激空间里，品饮者才能将全部注意力集中在对这一款珍贵普洱茶汤的品饮上。而这一个看似枯燥的茶席实有其独有的迷人风格：首先就颜色来看，衣衫、桌布、茶具、茶汤和字轴各种不同层次的灰色建构起一种微妙的律动；其次就材质来看，男性、粗布和炻器都与普洱的性态契合共振；最后，因为茶席统一的灰色调在最大程度上弱化了视觉，而听觉中仅有衣衫摩移、茶具挪移、茶汤流移等即时生灭的当下之声，故而茶汤的味觉能被突出于各种观感之上而格外放大。

茶席在昏隐中主动让渡物理空间，茶汤之味和内心空间因而得以强化

146

在最常见的情况下，我们是将茶席布置在室内空间，而这个室内空间往往也是专用的茶室；我们也会择时在室外举办茶会、布置茶席，享山水登临之美，或者是在师法自然的人造山水即园林中；此外，我们亦不时去一些商业性场所如茶馆、茶舍等饮茶体验。

专门的茶室和茶道园林即茶庭在日本最为常见，因为中国的《园冶》太过闻名，我们并不太知道日本藤原时代的《作庭记》这部早了半个多世纪的造园专著。日本有着相关文化的历史传统，而在中国一般而言并不专门修筑茶室和茶庭，但这并不意味着我们比较轻视泡茶空间，相反，中国传统文化思维所折射出的对于泡茶空间的意识是一种更辽阔的追求。

在写字台的电脑旁亦可规划出一个信手的茶席空间

147

在没有固定茶室的情况下，茶席在建筑空间内更具可移动性，它因而根据人的需要而挪移。在尊卑有伦的古代社会，主人府上仆婢的泡茶行为和客人的饮茶行为也因此分隔在不同的空间中进行。中国传统的园林景观，无论南方的私家园林还是京城的皇家园林，皆主张虽由人造宛若天开，追求人造景观成为大自然中的山川水系等对象的复制或微化之效果，造园的核心意义在于取得生活与自然的连接。故而古典园林并非专门为了饮茶而造，它同样也是其他日常生活和文化活动的场所所在。尽管园林无疑是举行茶会之最重要的一种场所，但对于古代的茶人而言，"品茶宜精舍、宜云林、宜寒宵兀坐、宜松风下、宜花鸟间、宜清流白云、宜绿鲜苍苔、宜素手汲泉、宜红妆扫雪、宜船头吹火、宜竹里飘烟……"更多地进入真正的自然造化中铺席泡茶，方得真意。关于这样的心理倾向，在与茶有关的古籍书画中纤悉无遗。

中国的茶馆历史悠久，唐代《封氏闻见录》中即记载开元年间"自邹、齐、沧、隶，渐至京邑，城市多开店铺，煎茶卖之，不问道俗，投钱取饮"。而北宋《东京梦华录》中更是记载汴京朱雀门外"以南东西两教坊，余皆居民或茶坊，街心市井，至夜尤盛"，与《清明上河图》中的场景相以印证。南宋《梦粱录》不仅记载临安"处处各有茶坊"，更是形容茶肆之"插四时花，挂名人画，装点店面……列花架，安顿奇松异桧等物于其上，装饰店面，敲打响盏歌卖……夜市于大街有车担设浮铺，点茶汤以便游观之人"。而至明代散泡法流行之后，茶肆茶馆之记载更是层出迭见。

中国茶馆和西方社会的咖啡馆在文化意味上有类似之处，但二者存在一个较大的差异：西方的咖啡馆更倾向于是消费者个人行为的场所，消费者之间没有过多的即时关联；而中国传统的茶馆则更具有某种民间聚合性，端茶递水的吆喝应和、呼朋唤友此起彼伏，将分散的茶客们联系成一个整体，而且茶馆往往也是曲艺表演的场所，茶客们更是因为一同听戏而能达到共情共鸣的状态。在当代中国，茶馆传统的聚合习惯已在慢慢消减，除了一些提供表演为其经营业务的茶馆外，大多数的茶馆更重视消费者几人而群的私人空间，朝着所谓茶艺馆的方向经营。

现代茶艺馆更注重独立分区

存 在

　　一个最精简的茶席或者说一次最精简的泡茶行为可以简化为三个部分，一是原料即干茶与冲泡用水，二是行为主体即冲泡者与品饮者（有时这两者身份重合），三是承载物即茶器具。如果用时间的概念去看待此三者，其中仅有茶具是可能在这个空间里一直存在并保持原有外在状态的。在泡茶行为的这个小宇宙里，茶具就是如同巨石阵、金字塔或雅典卫城那样丰伟纪念碑式的存在，而泡茶者和茶汤则如同史上的人类文明一样，在星奔川骛中不断产生、累积和消逝。

　　将我们的茶具放入历史更迭之中来看，西汉王褒的《僮约》即有"烹茶尽具，武阳买茶"之记载，茶具既具食器、酒器之外的独立意味。唐代茶事中"北白南青"之邢窑与越窑最为有名，"圆似月魂堕，轻如云魄起"，陆羽谓之邢瓷类银类雪、越瓷类玉类冰；而由于唐代蒸青茶汤在青瓷中更为青绿可观，故陆羽认为邢不如越。

　　宋代茶事史上出现了汝、官、哥、钧、定五大名窑争霸天下之局面；由于宋代点茶之咬盏与水丹青推崇沫饽之白，故贡茶中心建阳之黑釉建盏异军突起，随着宋徽宗赵佶谓之"盏色贵青黑，玉毫条达者为上"，建窑兔毫盏千金难求之，"兔毫紫瓯新""兔褐瓯心雪作泓""松风鸣雪兔毫霜"……皆是咏兔之作。

　　而后随着明代散泡之法变革世间，碧汤绿叶之色态使得白瓷地位上升，精于白瓷的景德镇亦自此成为全国瓷器中心；瀹饮法也使得壶之型制开始兴起，宜兴紫砂自此而蓬勃，并于清代而登峰造极；而三才盖碗之型制亦是在清代盎然繁盛，《红楼梦》之"栊翠庵茶品梅花雪"中妙玉给贾母、宝黛钗之外的众人所用即是"官窑脱胎填白盖碗"。

即便未处山野，亦可藉由茶席存在物而邀一片青山入座

152

而对于当下手边的一件茶具，如果暂不考虑其历史人文的内涵及它经历过的人间故事，而主要针对它与冲泡行为及茶汤表现结果之关系，我们便可以从其材质和造型两个方面加以考量。当然，还有一些在特定情况下会变得尤其重要的因素，比如色彩、其上绘制或浅浮雕式的图案、工艺等。因为色彩和图案在很大程度上依附于茶具的材质及造型，且是带有极强主观审美的风格化内容，故而在讲述到材质和造型时会一并提及而不单独论述。而在茶具的材质和造型既定之情况下，工艺问题可能会影响更为精微的茶汤表现。

　　在卷上谈到诸类茶叶之冲泡方案时，屡屡提及了所用茶具的材质选取，而这些进入讨论的材料多存于陶瓷之范围内。陶土无疑是最理想的茶具制作原料，按中国传统的五行学说之思维，木克土又土克水，故若选择陶瓷为用，茶叶可以不被茶具所压制而独立其芳华，茶具亦可驾驭泡茶用水；而水又生木，乃水为茶之母之象，故而整个壶内乾坤生克圆融。除陶瓷之外，我们常用的茶具材质还包括金属和玻璃等。

　　就金属器具而言，因为锡器密封性能上的优良能使茶叶在最大程度上避免氧化，我们故而常选择锡制的茶叶罐存放茶叶；因为生铁和纯银材料对水质的显著优化作用，故而常用生铁壶或银壶煮水，铁壶煮水在日本茶道中尤为盛行；在实际的冲泡行为中，因其便于使用而选择的金属器具多为银质或铜质。

　　用铁壶作为煮水器时，可能会发生一些需要应对的微妙情况。如果直接将茶叶投掷入铁壶内煎煮，可能会赫然发现倒出的茶汤变得乌黑且失去光泽，无胆入口。这一般都不是铁壶或者茶叶的品质问题，而是茶叶内的多酚类物质与铁离子相结合所致。未经发酵或轻发酵的茶叶其多酚含量一般更多，其茶汤也更容易因使用铁壶煎煮而变色。故而用铁壶煮茶时，选择发酵度高深的茶叶或焙火老茶，能在一定程度上降低茶汤变黑的概率；而若要彻底避免这个可能性，则最好选择用陶壶或银壶煮茶。

关于陶瓷器这个概念，从字面上看来是包括了陶器和瓷器两种材质的总称，而从物理变化角度则反映了烧制工艺的一个幅度范围，即从陶至瓷是烧制温度增加、器具的紧结度增加、吸水率降低的过程。瓷器的紧结度基本已高达吸水率为零的状态；介于陶器和瓷器之间的状态常被称为炻器，比如有着一定透气和吸水性能的紫砂器。在实际的泡茶行为中，紫砂器和瓷器是相对最常用的冲泡及品饮器具。

不同的泡茶器具对于茶汤风格和味道的影响主要在于其材料的紧结度。材料密度越高时，茶具的散热也就越快，也就越利于表现不发酵茶的风味；反之，当密度降低、散热减缓时，该茶具更利于冲泡发酵度深厚的茶叶。

银器的密度极高、散热极快，而玻璃器具和瓷器的密度与其相当，因此这三者都非常适合于冲泡绿茶，能最大程度地还原绿茶清新悠扬、生命力盎然的风格。在现实生活中，我们冲泡绿茶的首选是薄胎的瓷器，胎体越薄则散热越快，茶汤滋味便更具表现力。银器不为首选，一是因为其价相对昂贵，二是传统的审美习惯里，在行茶中金属材质无论在色泽还是触感上都不及瓷器亲茶，加之五行观念里金能克木。当然，如若着眼于营造异域情调或皇家气宇，别致的银器会是增色之项。玻璃茶具为众多现代人冲泡绿茶之用，一大原因在于其晶莹剔透，可最大限度地欣赏茶叶在水中的姿态。而和中国其他的传统艺术一样，相对于玻璃器皿令观者一览无余，半遮面的瓷器会令泡茶更多一些顿挫抑扬之韵律。

材质之外若再加上造型的因素，那么敞口的盖碗最宜绿茶的风格，从技术上讲，是因为敞口造型有易于控制和加速散热之用。盖碗由盖、碗、底托三部分组成的形制又被称为三才杯，一般认为此形制

暗应天、人、地三者合一。传统盖碗的材质大多为瓷，现代也有诸多玻璃或混搭材质的盖碗，另外亦有在紫砂器之内壁施白釉而成的盖碗，这样既使得器物从外部看上去有紫砂的稳重古朴，而内壁的高紧结度又适合冲泡低发酵茶，且白色更宜观赏青绿的汤色。

比起瓷器在生活各个门类中的广泛运用，紫砂可以说是一门为茶而生的艺术形式。虽然日常周遭不乏紫砂所制的花盆、摆件等，但它主要还是被运用在制作茶壶和其他茶具用品上。不同于我国有着诸多瓷器产地风骚各领的状况，紫砂唯宜兴独尊。所谓紫砂，字面上看来是紫色之砂土，紫色确实是最常见的紫砂器颜色，但通过紫、朱、绿等原泥的调配可以得到纷繁之色。紫砂器具以壶为主，不同的砂土和制作工艺可以得到一定范围内紧结度不等的壶具，但总的说来其密度远低于瓷器，因此紫砂壶有一定吸水率，且散热慢于瓷器。基于这样的特征，紫砂壶更适合于冲泡发酵深重的茶，比如焙火茶、红茶和熟普等。

从造型上而言，肚大口小的壶形使得散热减慢，有利于重发酵茶成熟韵味的表现，故而紫砂壶在传统茶具中的地位首屈一指。古

室内茶席亦可藉由茶具与空间呼应而得"绮席风开照露晴"之妙

之名壶传世甚多，亦有良多经典的造壶样式一直流传运用。抛开材料、单就壶型而言，纵然经典形制和样式的命名颇多，但若简单地从壶把和壶身的设计关系来说，存乎侧提、横把、提梁、飞天和无把这几类壶型，其中侧提壶是我们使用最多的造型，横把壶则在日韩茶道中更为常见，而提梁壶则更多用在煮水或偏大壶型中。无把壶有壶嘴及流两种，前者若颈细、嘴曲长或为贲巴；后者似盖碗多流，俗称手抓壶，在日语中又被称为宝瓶。

按照前面的逻辑，如果我们非要将发酵程度不同的茶类与各类材质及造型的茶具相对应的话，可得出的武断极端的结论是，薄瓷盖碗最宜绿茶而紫砂壶最宜红茶及熟普。那么与发酵度介于其间的乌龙茶最相匹配的茶具又是什么呢？也许瓷壶是一个相对较为合适的折中方案。因为瓷质表现了乌龙倾向于绿茶的一方面，而壶形又表现了其倾向于普洱的另一方面。这里必须强调的是，即便对于绿茶和普洱这样处于两极的茶叶而言，其冲泡器具的相适配也并无一定之对应，盖碗和紫砂的建议仅仅是为了提供给泡茶者打破规则之前的常识性概念。该如何选择茶具，完全取决于具体的茶叶品格、冲泡情况、茶席主题和表现手法等。比如，我们可以用盖碗和紫砂冲泡同一种绿茶，以表现南国和北国在春日里给人的感受差异；亦可以用盖碗冲泡普洱，为本来凝沉的茶汤增加一丝轻灵。就乌龙而言，瓷器冲泡香味胜，而紫砂冲泡则韵味胜。法无定法，一切可能性皆取决于泡茶者其时之动机及相应之表达方式。

除了以上相对常用的茶具材料外，另有一些更为奇巧之物。描写纯深情感的诗句"一片冰心在玉壶"虽为修饰之词，但并非来无依凭。玉石器作壶具从古至今皆有，中国人对玉的认识是"言念君子，温其如玉"，玉之光而不耀，与茶一样是我们观念里的君子之风。玉石器泡茶不仅功能上有别于陶瓷器的独特风味，气质上也正配佳茗玉叶瓏珑之感。因为玉石原料相对贵重且不易雕琢，故而选用时须多加留意其原料是否纯正等问题，毕竟冲泡器具与健康问题痛痒相关。

　　木质和竹质常被用来制作水盂、茶勺、茶荷、漏斗和茶叶盒等辅助器具，概因木和竹的自然天性和茶事浑然一致。而在日本茶道中，竹木诸物则有占一席之地，比如茶筅、茶杓等重要竹制用具在抹茶道中不可或缺。

竹质、木质材料在日本茶道中不可替换

158

消 逝

茶事中的存在与消逝就如人生的两个面相，前者富有刹那含永劫的哲思，后者更具岁聿云暮、日月其除的警省。具体到泡茶行为中，茶具是此间相对恒常的元素；而在一次茶会中，则有着诸多并不稳定，会在其间逐渐变化和消逝的元素，比如常见的焚香、插花及操琴等。这些稍纵即逝的艺术形式只有在与茶会主题发生联系时，方才显现其中朝露溘至之意味，也更能昭然一期一会之诠释。

香道、花道及琴道这三种艺术形式在当下我们的观念中和日本茶道关系非常密切，特别是前二者也的确成为了日本之文化符号。本书也会论及日本茶道之相关种种，但此处对香、花、琴三者之讲述仅立足于它们在茶会中超越流派的更具普遍性之存在意义。

中国香道在春秋战国时期业已出现，而在隋唐时达到完备的状态，继而流传至日本。香道和茶道在中国悠长的历史中共同发展、成熟并相融。香道在茶会中的运用一般安排在泡茶进行之前，也可以作为一次茶会的序幕。如果此次茶会的规模较大、参与的人数较多、需要冲泡两种以上的茶叶、持续时间比较长的话，那么可以现场展示用原料制香，再行焚烧，具有一些香道仪礼的性质。反之，如若只是人数不多、时间不长的小型或家庭茶会的话，则宜直接焚烧成品香料，这样比起现场制作香料精短了时长，也避免了可能对之后的泡茶行为喧宾夺主。

千叶枯芒构建了强烈的消逝情结

160

焚香所用的香料可以是各种各样的形制：粉末的、不规则的块状片状，或者规则的形状。在茶会的焚香行为中更倾向于选择规则形制的香料，因其更为可控，便于操作的精简，并可为泡茶预留出更大的表现空间。此类香料常用有骨香或无骨香，有骨香一般是涂捏固定于纤细丝竹之上以其为芯的柱形香，无骨香则既有剔去柱香之芯的粗细不等的线香，亦有呈回环旋绕状的盘香。目前市场上可以获得的成品香，大多是以粘粉代丝竹之无骨，类似于古代合香之做法。鹅梨帐中香、山林四合香、雪中春信、木樨香、龙涎香、荀令十里、禁中非烟……皆是我们较为熟知而至今沿用的古代香方。在茶会的实际运用中，盘香因为其体量相对较大和造型相对复杂，不常选用。而所谓现场可行制香展示的形式主要是指引入茶会的篆香，篆香一般为独立品香所用，即用篆印框拓香粉成特殊图案或文字进行焚烧。"茶瓯香篆小帘栊""细看香篆味茶甘"，皆是古人篆茶相印之情趣。

这里依然需要反复说明，以上所说的各种倾向性都不是不变的必须。譬如，一次以"无定"为主旨的几人茶会，参与者需要随机抽取未知的茶叶进行泡饮，茶会的预先设定就是要达到无法预设之效果，那么不规则形制的香料在焚烧中更多的不定与偶然，便更符合此次茶会之风格。而若以"无常"作为茶会主题，那便可以香篆拓印此二字，焚烧殆尽、从有到无，更是升华主题。亦譬如，一个整体空间很大且划分为若干子空间的茶会场地里，在空间分隔的交界或转折处便可分别运用相宜的盘香，而如果使用线香，则无论在视觉体量还是香氛效果上都可能弱而难及。

焚香行为除了需要香料外，还需要相应的器皿，如香炉、行炉、熏球、香笼、香插、托盘等。以香炉为例，除了香料的品种和香炉的材质、造型之间需要呼应外，这两者更应该同茶会的主题、所冲泡茶叶的品种及茶具等相呼应。譬如，此次茶会与礼佛有关或者是表现古

一口焚炉即可慢火熏香到日针

162

代宫廷的主题,则可以选择檀香,用铜质类鼎的香炉;如若冲泡绿茶,则可选择茉莉、菊花等清新淡雅的花草类香料,香炉可以是直筒高腰的青花瓷器;如果冲泡普洱等深沉风格之茶叶的话,可以用沉香,配以鼓腹收口的紫砂香炉;如果冲泡乌龙茶,可以视其发酵和焙火程度选择一些花草类或木质的香料,或进行调制使香质介于二者之间,香炉材质可选汝窑或白釉开片,形状可以是低腹阔口的造型。此外,在现代茶会中,我们也可偶尔尝试用精油等熏香,同理选取不同的香型和熏香器皿,这在独饮或二三人的小型茶会中可得简便之妙。

切记茶会是以茶为主而非以香为主,故而焚香的首要原则便是不夺茶香,不干扰茶之冲泡和品饮行为。如果此次茶会冲泡的是茉莉花茶,那么是否在焚香中选用茉莉之料,需要权衡其混淆之损与匹配之美孰胜;同理,如果在待冲泡的茶叶中已加了沉香木入味,那亦可考量是否避免焚烧沉香,而采用更轻松的其他木质调以作挈引。除了焚香的契机应该设定在茶叶冲泡之前或后,以尽量避免与泡茶时间过多重叠外,香炉的位置也不应当迎于风口,以避免香味快速弥乱,亦不宜立于茶会参与人员视觉范围内的重心位置。

相对于香道来说,花道更加形象且更容易为观者所理解。比起茶会中焚香行为的短暂,虽然茶席上的插花也在慢慢地趋向于枯萎,但我们在设计茶席插花前会考虑到茶会持续之时长,所以插花还是伴随着整个茶会从开始到结束,比起焚香所产生之流动性,它更静止地存在着。

中国花道的历史基本和香道相当或者略晚,其形式可能主要源于礼佛的插花供奉。花道同样在隋唐完备而盛行,其后随着佛教传入日本。当代日本已有两三千个花道流派,主要继承了立花、生花和自由花等形式。在中国历史上,花道和香道一样,与茶道共同发展并成为茶会茶席中的重要组成部分。

茶席中的花道运用不同于其他环境中的独立插花作品，对于花材之选取，首先应避免散发强烈气味者，因为插花不同于焚香的顷刻而讫，而是贯穿了整场茶会，太过浓郁之花香必然搅扰茶香。其次因为茶席的主题大多富有雅趣之味，因此太过艳丽或者体量过大的花材一般不适合，但若为宫廷堂皇或者具有民间地方特色的茶席主题，则可反其道行之。最后一般不用寓意不好或者名称不雅的花材，当然这也是在不同文化和语境中见仁见智的问题，关键在于茶席设计者如何诠释之。

　　茶席中花材的选择和造型皆应符合整个茶会的主题和视觉风格，以及所冲泡茶叶之调性等，虽然茶席插花也可成其为一个独立的小主题，但它主要还是与茶会或茶席的大主题构成从属关系。譬如在冲泡武夷岩茶时，我们可以选择旁生小花的一截粗枝老干，并不配以其他花材，其造型是从花器中横悬挂出的样式，花器可选择深沉稳重的陶器；从花材来看，红梅最符合这样的情态，且红梅之色亦饱满持重，

茶席之花可以简单到撕花积盘

符合岩茶之韵，但腊梅或白梅则感觉略为飘忽；从时间感来看，红梅见于冬，岩茶稍重焙火和发酵的性质也颇宜冬日品饮。又譬如在冲泡绿茶时，我们可以选择春日淡雅的小花或者无花的新绿枝叶，几种体量较小的材质簇拥着，自然蓬勃地插入浅色或透明花器中，且不应太过修饰造型。在处理窨花茶与插花关系上可以考虑与焚香有不同思路，如若冲泡加入玫瑰花瓣的茶叶，可以在插花中运用小朵的玫瑰，而冲泡桂花乌龙则不妨选择小簇的桂枝作为花材之一，这样便能在因人介入的茶席环境中得枝头之景入杯中味之妙。

除了茶性上的考虑外，我们还可以从更多的角度考虑插花与茶席的关系。比如从茶叶的揉捻形态和花材形态的关系上，碧螺春的卷曲状可与藤条相呼应；我们也能插入剑片状的叶条来强调龙井叶型的凛冽。从茶名与花名的呼应关系而言，冲泡东方美人时可选择虞美人，但用美人蕉效果就会适得其反；冲泡竹叶青时可用文竹或直取竹枝作为花材，但用龟背竹或富贵竹便会大相径庭；而冲泡铁罗汉时则可选用罗汉松。从茶系的色彩感而言，冲泡白茶时可以搭配淡漠色系的植物；黄茶可以倾向蓬勃的青黄之色，而非秋色系之黄；黑茶则选取色彩深重的花朵。还有一些比较特殊的通感关系，比如用松枝入花材，会让我们更加留意杯中正山小种被松枝熏染的味道；或用香槟酒杯作为花器，亦可让我们吟味杯中白毫乌龙茶汤的香槟风情。

在茶会之末或品饮两种不同的茶之间加入乐器弹奏，也是常有的茶会形式。茶会之末的乐器弹奏既能让人回味茶会和茶汤，亦有作为尾声的意味；而冲泡不同茶类之间的乐器演奏，则可以令参与者的味觉暂得休息，并承前启后作为过渡。茶会中的乐器演奏首选古琴，作为中国最为古老和最有文化阔度的乐器，古琴从所有的乐器中独立了出来，成为中国古代文人品格修养的必通之途，无故而不可撤琴。而研琴深奥，攻琴如参禅，又与茶性相投。关于茶会乐器和音乐形式之考量，首先，古琴之外可选取其他传统乐器如筝、埙、笛、箫、阮、琵琶、马头琴等，而人声吟唱或某些西洋乐器当然亦可视情况作为选择；其次，茶会中常用单旋律独奏形式，而鲜有重奏或合奏；最后，因各类茶叶的调性使然，茶会中更宜丝竹管弦等旋律偏胜之引入，而非键盘敲击类节奏偏胜的形式。

　　琴道虽以声入茶，但其声是为了内心的宁谧和开阔。香道主要以嗅觉审美为载体，而花道之于视觉，茶汤之于味觉，茶具之于触觉，加之琴道之于听觉，一场茶会俨然被赋予了调动人体整个感觉系统参与其中的可能性，亦使得品茶行为自然地成为一个沉浸式综合体验过程。

茶花的水面之像或有倒影、时有涟漪，亦具消逝意味

之八　**古品**

与西方艺术不同，中国古代艺术从来都是以诗歌、书法和绘画为核心而存在；古代中国以茶为主题的诗书画之作品不遑枚举，它们与人的关系恰如茶与人般恣意而亲切，又有着可以随然调整的微妙距离。

与西方古典艺术以建筑为核心，且雕塑和绘画均依附建筑而存在的特性所不同，中国古代艺术从来都是以书法和绘画为核心且独立地存在。当西方的雕塑和油画需要特别考虑其与建筑的空间位置关系以协调观者的视线角度时，中国的书画却是悬挂平置、远近横斜，可贡于厅堂，亦可与人耳鬓厮磨，各有观赏意趣。从这个角度而言，中国书画与人的关系恰如茶与人般恣意而亲切，又有着可以随然调整的微妙距离。

　　在相当长的历史阶段里，诗词始终是中国尊为最上品的文学样式，也是书画意境的最重要内涵；以诗词入书画，而书画中亦有诗词，并非仅摩诘一人之境。而茶与诗书画相为一体的形式是中国最为典型之文人意气的表现之一。如果说上章之法则是在茶道或泡茶行为体系之内的诸种圭臬，那么此章之诗书画则是与茶道或泡茶行为相关的诸种艺术形式。

诗歌的意味和书画的造型皆可

于茶席中觅得

诗

提及茶道，大多数西方文化背景的读者甚至我们中的诸君，首先会念及日本茶道。事实上，在日本茶道的故乡中国，茶道一词早在一千两百多年前即已出现在了唐朝诗人皎然的诗歌中，而时间又再前行了八百年后，日本茶道宗师千利休才提出了此词。率先出现"茶道"的这首诗是皎然数首《饮茶歌》中的一支，全名为《饮茶歌诮崔石使君》，是诗人同朋友崔石一同饮茶时的即兴之作。该诗不仅提到唐时名茶剡溪茗，描绘了茶叶的形色、煮茶的景象、饮用时的身心感觉、茶汤的高洁之气，还至此开创了历史上以茶代酒的习气。这首诗歌从茶本体、饮茶行为及品茶境界这三个方面对茶道内涵极尽形容，且不论其修饰是否太风格化，这都无疑是茶道历史上从无到有的开创之举。

饮茶歌诮崔石使君

唐·皎然

越人遗我剡溪茗，采得金芽爨金鼎。

素瓷雪色缥沫香，何似诸仙琼蕊浆。

一饮涤昏寐，情思朗爽满天地。

再饮清我神，忽如飞雨洒轻尘。

三饮便得道，何须苦心破烦恼。

此物清高世莫知，世人饮酒多自欺。

愁看毕卓瓮间夜，笑向陶潜篱下时。

崔侯啜之意不已，狂歌一曲惊人耳。

孰知茶道全尔真，唯有丹丘得如此。

170

唐皎然之《饮茶歌诮崔石使君》（邵丁书）

　　皎然的茶诗比起特别是明代之后的茶诗，其中尚有羡仙修道的羽流意味，有着"苦茶轻身换骨，昔丹丘子、黄山君服之"的信念；而随着历史中文人理想的慢慢转变，其后的茶诗越来越沉淀进入人间风雅，更有专注当下、不折空枝的趣致。而在此更值得提及的，是皎然与茶圣陆羽的忘年之契这一段耀烁茶史之传奇。此二人缘茶所起的情谊，在皎然的诗歌里和诸种历史文献中都留存了相当的记录，还有学者考证认为皎然对陆羽有知遇教诲之恩，陆羽之《茶经》更是在皎然的指点和开导下方能行笔杀青。今天我们回顾中国茶道史上如此一个黄金时代，如果非要着意于陆羽和皎然在茶道上的分野，单以二者遗世之著作作为片面依据，那么陆羽茶道更加倾向于"茶"，是有着具体指向即实战型的研究成果，君不见《茶经》已具系统齐备之法；而皎然茶道则更注重"道"，是一种抽象理想即精神内涵上的修行，君不见其诗作以茶入道，借禅法之境完备了茶法之道。而比起二者之异，我们更应意识到皎然与陆羽的相知，茶歌与茶经的媲美，使得中国的诗道与茶道共依共存地在大唐盛世里和鸣至高潮。

作为中国诗史留名第一人，诗仙李白因其斗酒诗百篇又被奉为酒仙，其酒诗无数，而其咏茶诗却仅存一首留世，即《答族侄僧中孚赠玉泉仙人掌茶》。此诗缘起中孚禅师赠李白予仙人掌茶，故李白以诗答谢而作。诗中的故事设置在了一个道家仙境般的场所，而对仙人掌茶的描写更是此物只应天上有，仿有返老还童之神效。该诗情景交融、叙事抒怀，不仅是中国最早的茶诗之一，还是最早述及茶名、关注茶性健康功能之茶诗，侧面可见茶文化在其时的渗透力。相为呼应的是，李白的挚友、更为高产的杜甫亦仅有寥寥数首茶诗存世："检书烧烛短，煎茗引杯长""落日平台上，春风啜茗时""茗饮蔗浆携所有，瓷罂无谢玉为缸"……不一而足。

答族侄僧中孚赠玉泉仙人掌茶
唐·李白

常闻玉泉山，山洞多乳窟。
仙鼠如白鸦，倒悬清溪月。
茗生此中石，玉泉流不歇。
根柯洒芳津，采服润肌骨。
丛老卷绿叶，枝枝相接连。
曝成仙人掌，似拍洪崖肩。
举世未见之，其名定谁传。
宗英乃禅伯，投赠有佳篇。
清镜烛无盐，顾惭西子妍。
朝坐有馀兴，长吟播诸天。

宝塔诗是中国颇有趣味的诗体形式，它通过逐层增加字数，将整首诗歌累叠摹形如宝塔之状，塔尖字词兼作诗题和音韵。唐代诗人元稹之《一字至七字诗·茶》即是借宝塔诗体从楚楚之形态、曼妙之色彩及花前月下之情致诸方面描写了烹茶饮茶之趣。据《唐诗纪事》载，此诗是元稹与众友为白居易送行之作；而尽管"今朝不醉明朝悔""万事醉中休"的白居易嗜酒为最，他亦曾为元稹作茶诗云："吟咏霜毛句，闲尝雪水茶；城中展眉处，只是有元家。"纵然雪水区区尾列陆羽之水品二十单，但"融雪煎香茗"的白居易和后来的曹

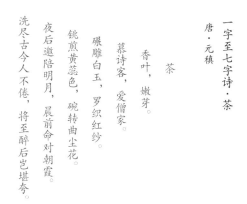

一字至七字诗·茶

唐·元稹

茶。

香叶，嫩芽。

慕诗客，爱僧家。

碾雕白玉，罗织红纱。

铫煎黄蕊色，碗转曲尘花。

夜后邀陪明月，晨前命对朝霞。

洗尽古今人不倦，将至醉后岂堪夸。

雪芹、乾隆等一众雅客却对之偏爱漫浪；我们还从白居易诗中读其或不喜独饮，于酒之"西楼无客共谁尝"，于茶亦"无由持一碗，寄与爱茶人"；又偶或"清影不宜昏，聊将茶代酒"……元白之谊，于生别之"同心一人去，坐觉长安空"，于死离之"君埋泉下泥销骨，我寄人间雪满头"，便于茶诗去来中也如是分明。

回到此首元诗，最后一句含蓄夸茶能于醉后醒酒，此言不假，但作者需要稍煞风景地略为提示，千年前唐朝的酿酒法和煮茶法与当今并不相当，不论唐茶能否消散唐醉，仅就今时来看，酒后饮茶确能在一定程度上解醉，其原理是快速经肾脏排泄未分解之酒精从而换得减轻肝脏负担，但因此增加了肾脏负担而提高了其损伤风险，并且酒精与茶汤的双重兴奋效用对心脏也是较强的刺激。因此，现代食宴上觥筹交错间的酒茶混饮并不那么健康，而酒后饮浓茶解醉偶然为之无妨，但一定不是长久可行之策。

唐代可谓茶诗的开创之朝，诗篇涌现而字句珠玑，而到了宋代之后，茶诗词更是如同斗茶般交相错落。自宋而始，茶诗词的外延更为扩大，内容包括了煮茶之泉、茶叶自身、品茶行为、茶具茶器、茶会茶宴、茶人茶事、茶书茶山、茶食茶点和制茶工艺，等等。唐诗之后，宋词较之于宋诗更具成熟的写心写境之表达，故而此处选取两首宋代之茶词以做例举。

北宋苏轼之东坡名号已尽致其对白居易之仰慕，而其"十年生死两茫茫"是中国诗史上能够对抗元稹"曾经沧海难为水"之孤篇无二；可苏轼又视二人之作为"元轻白俗"，我们且看东坡如何诗中自证。苏轼之茶最为疗愈，可疗身之"何须魏帝一丸药，且尽卢仝七碗茶"，可抗素日无聊之"日高人渴漫思茶，敲门试问野人家"，可招架夜阑孤闷之"枯肠未易禁三碗，坐听荒城长短更"，更可抵一枕槐安之"人间有味是清欢"……而其《望江南·超然台作》最愈游子乡思，南船北马总他乡的愁思是中国诗词亘古不变的主题，而苏轼将茶思与乡愁天衣无缝地糅合在了一起。该词上阕描绘了在北国登台远眺春日图景，下阕则言明具体时间为寒食节后。

寒食节源起于中国历史上一个凄绝的故事：春秋晋国公子重耳流亡中落难荒野，食不果腹时随从介之推割股取肉以飨之。其后重耳返晋为君，之推则功成身退，携母入山隐居不仕；重耳为求其出仕烧山以逼，之推不从，与母焚亡于树下。重耳大哀之下诏令天下每年此日不得举火，故谓之寒食。寒食节后接踵清明，清明既是返乡扫墓之时，亦是新茶初市之期。而诗人身在北国不得南返，于是酒后感叹：莫对旧友谈起故乡之思啊，还是用新火烹沏南国的新茶聊以自慰吧。人生无奈且得苦中作乐的排遣之绪尽浮眉梢心头，也尽浮现于诗人的笔端。

寒食节亦是古人"火前茶"之说由来，即禁火之前所采制之茶叶，时节与明前茶相当。白居易之"红帋一封书后信，绿芽十片火前春"、李商隐外甥韩偓之"数醆绿醅桑落酒，一瓯香沫火前茶"、齐己之"甘传天下口，贵占火前名"、袁宏道之"碧芽拈试火前新，洗却诗肠数斗尘"……皆是如此因由。

望江南·超然台作

北宋·苏轼

春未老，风细柳斜斜。

试上超然台上望，半壕春水一城花。

烟雨暗千家。

寒食后，酒醒却咨嗟。

休对故人思故国，且将新火试新茶。

诗酒趁年华。

　　苏轼与笔者的故乡同在产茶的四川，幸而现代的物流已能轻而易举地将南茶即时北送。每一个身处北方的春季，如若没有品尝到南国的新茶，都似乎无法切身感受到春天已来；而这些南方新茶的气息，便是故乡气味的莫大慰藉。纵然宇宙洪荒时移境迁，经由春茶这一介质，原来我们竟然与一千年前古人的情思毫无二致。

　　与苏轼并称为"苏黄"的北宋诗人黄庭坚留存咏茶诗近百首，单以数量即力压同时代众文人；其诗作虽多亦工，其中既有乡思浪漫之"我家江南摘云腴，落硙霏霏雪不如"，亦有揶揄酒客之"龙焙东风鱼眼汤，个中即是白云乡"，更有超然疾困之"别夜不眠听鼠啮，

品令·茶词
北宋·黄庭坚

凤舞团团饼。恨分破，教孤令。
金渠体净，只轮慢碾，玉尘光莹。
汤响松风，早减了，二分酒病。

味浓香永。醉乡路，成佳境。
恰如灯下，故人万里，归来对影。
口不能言，心下快活自省。

非关春茗搅枯肠"。黄庭坚之《品令·茶词》超逸绝尘，其高妙之处在于将煮茶饮茶这些稀疏平常的行为描绘得栩栩如生、贴切入微，那种饮茶欣喜却又无从言起的感受更是跃然纸上。宋时贡茶为龙凤团饼，即茶饼制备后以蜡密封并盖上龙凤图纹。该词上阕以情人离别相比拟，描绘了将龙凤团茶中的凤饼掰开碾碎，犹如将茶饼图案上的双弯凤强加分离；而茶饼碾作琼粉玉屑，煮水声恰如风林松涛之鸣时汤品老嫩正好。下阕则刻画了品饮茶汤之美的无言感受，就如同相逢万里归来的故人对影灯下，内心之欣喜又怎能言表万一呢。诗人这一比喻制胜于其所引起之饮茶人万千共鸣。

而茶诗词绝非仅与情感、生活等趋微及内在的诉求有关，南宋以"人生自古谁无死，留取丹心照汗青"而名垂青史的文天祥即曾用"扬子江心第一泉，南金来北铸文渊。男儿斩却楼兰首，闲品茶经拜羽仙"的诗句，在国家命运转掀间高呼了壮美决绝的政治理想。

明清时期由于中国文学之表达重心由诗词转而为之小说，因此茶诗词相应地不如唐宋般繁盛，但这并不意味着这个历史阶段文人墨客的咏茶兴致有所减损。"金笼鹦鹉唤茶汤""沉烟重拨索烹茶""扫将新雪及时烹"……单从《红楼梦》里与茶有关的大量诗词楹联即可窥见一斑。

唐煮宋点之法曾令茶叶金贵而行饮不易，因而其时茶道更与宫廷或文人相关密切，贵为天子如徽宗，亦曾著书《大观茶论》概述北宋制茶业之风貌。虽从明清开始一逆前法转为泡饮，使得饮茶行为进一步成为百姓寻常事，但顶级名茶依然在皇家贡品的首选之列。将"君不可一日无茶"与"国不可一日无君"并论的乾隆一生作与茶相关诗几足千首，他推崇京师西郊玉泉水为天下第一，推崇以雪水沃梅花、松实、佛手之三清茶……所在多有，此处仅列其另辟蹊径之作《御咏茶花》。该诗别致处在于咏赞之对象非茶之新叶而转向茶之花，故亦将茶之视角从春日温煦迁移到了秋日豪宕上。

御咏茶花

清·乾隆

枪旗春月已舒叶，

冰雪秋时乃吐花。

羞煞东风莫相问，

人间祇解品芽茶。

乾隆所咏的茶树之花

清初隐秘反清复明的遗民傅山有茶联"竹雨松风琴韵，茶烟梧月书声"；清朝时人还别出心裁地移接苏轼两首诗中的句子为偶，以作对联挂于杭州茶室："欲把西湖比西子，从来佳茗似佳人"；其时书画家郑板桥亦专门题作茶联为："汲来江水烹新茗，买尽青山当画屏"……此数茶联虽然可能不及前朝诗文云锦天章，但其栩栩欲活之巧思妙意，正是我们触手可及的茶事雅趣。

北宋苏轼与清郑板桥之茶联
（邵丁书）

178

书

　　如果说可考的茶诗最早出现于唐代，那么有关茶的书法则可以大大往前推进。我们目前可以看到的最早的"茶"之文字形式出现在东汉的青瓷器皿上，尽管其笔画构成与现代的茶字并不完全相同。在将与茶有关的内容与其书法形式建立对应关系之前，需要理解中国的汉字一直是一个演进流变的过程，现代汉语中的茶字是在唐代陆羽的《茶经》中才得以确定，在此之前该字对应的表意符号一直是"荼"或"搽"，而即便茶字确认之后，依然同时存在着关于茶的其他别称，如陆羽所提及的槚、蔎、茗、荈等。

　　书法艺术一直是中国传统经典美术的核心，其发展轨迹从甲骨文、钟鼎文、小篆、隶书至于草书、行书、楷书。它以中国的象形文字为造型载体，以中国的文化和审美情趣为内涵，击破了文字形式自身而生成的极具抽象意义的表达形式。因而对于不熟悉中国文化的观众而言，书法比其他造型艺术更具跨文化的理解难度。我们对书法艺术的判断往往建立在其形式本身，但同时作为文字载体，书法自身也有其表意和实用的性质。我们此处选取的几个在书法史与茶史上的盛名之作，即是结合其叙事内容而述之。

后人在命名古人的字帖时，往往取用该帖的前二字或帖中最重要的词。唐朝怀素之《苦笋帖》便是如此得名。怀素与陆羽交好，而陆羽亦为其作《僧怀素传》；故有好事者妄诞揣测此帖所寄应为鸿渐。该帖内容为："苦笋及茗异常佳，乃可径来。怀素上。"揣测语境以及怀素不拘世俗礼节的性格，翻译成现代文即是：你送的苦笋和茶都美味极了，尽可多送一些来啊——故而此帖又被称为《乞茶帖》。从内容可见唐时茶叶在文人墨客间可谓流行，而茶叶在当时确实也是珍贵的礼物；从体裁上看来这明显是一封信手而作的短信，也是我们现今可考的最早与茶有关的手札之一；从笔墨造型上来看，怀素的寥寥数字表现了大唐书法崇尚法度下其恣意凛冽的个人风格：

唐怀素之《苦笋帖》，藏于上海博物馆

它圆转飞动、大开大合，又匀挺细致、空明淡宕，它超越感性与理性之分际，了无尘俗与空门之分别。

　　经过五代时期之烽鼓不息，书法随之式微。蔡襄是书法上唐宋之变的桥梁人物，他的楷书为宋代人找回了已然失落的书写规范和技巧，他的行书与草书也成为宋人书法崇尚学问修为之气的开端。蔡襄的《精茶帖》因其中的"精茶数片"而得名，其字有楷、行与草之形，如坐、行与驰，皆悠游不迫、顺己意而出。蔡襄本人与茶的渊源深厚，他曾一改上呈皇家的大龙凤团茶形制为小龙凤团茶，借此将茶叶本体和茶道审美结合起来，推向了一个历史的极致；宋时社会"金易得，而龙饼不易得"，专因龙凤小团为蔡襄《茶录》写了后序的欧阳修更是将小团推崇至"不是人间香味色"。蔡襄著作《茶录》一书极显其植物学研究根基，其《北苑十咏》形象记录了宋代建安茶之产造风貌，而世人鲜知其另著有《荔枝谱》。《茶录》一书上篇着眼于茶叶本身，涉及品评标准、保存及烹点之法；下篇则论及茶叶制作、烹点及品

北宋蔡襄之《精茶帖》，
藏于北京故宫博物院

饮之器具。蔡襄在此书中反对往茶中加入香料的一贯制茶之法，可谓对茶叶本体审美意识之强化和纯净化，而千年之后，重视茶叶本身的味道已然成为当代茶人之共识。并且《茶录》经蔡襄以楷书而写，其典范意味已是双管齐下。

在上文中我们述及宋人苏轼之茶诗，苏轼不仅茶诗众多，茶帖亦是不少，《一夜帖》便为其中之一。该帖行列稍齐而大小不一，如群山之绵亘起伏；或二三字之间，或五六字之间，多有间歇，同宋人词调之长短相替；其笔触多轻松简约，几处重笔，以浓破淡；平淡之极，却又绚烂之极。《一夜帖》中"却寄团茶一饼与之"，正是中国所特有的以茶为礼之习俗。作为一位精于茶道的行家，苏轼很早就发现了茶的保健功效，记录了以茶护齿之法。而我们今天所用的提梁壶之形制，相传也是苏轼首创。

在中国明清时期书法亦有其建树，与茶有关之书法作品依然不少。明代被誉为"字林之侠客"的徐渭亦是茶痴，他最知名的茶诗恐

怕是"独啜无人伴，寒梅一树花"，其孤绝之味似暗合了他后半生之
凄恻。《煎茶七类》亦是他在癫狂病疾之间所作，所书内容不太可能
如自跋中所谓来自卢仝，而更可能是陆树声所作；帖中徐文长之行笔
连绵跳跃之中有豪荡奇逸之致，"其所见山奔海立、沙起云行、雨鸣
树偃、幽谷大都、人物鱼鸟，一切可惊可愕之状，一一皆达之于诗"，

北宋苏轼之《一夜帖》，
藏于台北故宫博物院

183

亦一一皆达之于书。清代曾以茶换鸦片而销之的林则徐亦书对联"竹露煎茶松风挥麈，桐云读画蕉雨谭诗"，林则徐之书法向来是字如其人、心正笔正之典范，而此副茶联谨严中不乏活泼，是以茶入书来托付宵衣旰食之暇的闲兴余味。

以上书帖的讲述中我们并没有将重心置于书法本身的形式分析，不仅是为了与本书主体内容协同，还因为在中国书法艺术的研究传统中一直有着注重笔墨形式却相对轻视了所书内容的习惯，这个问题具体到茶书法中，即是对这些书法作品背后息息相关的茶之种种的研究并不充分。可见茶文化研究亦是一个非常复杂的综合学科之构建。

画

　　客观而言，在没有题跋的情况下，将古画中的类似场景与茶事行为建立起对应性，并非是一个简单的识图判断，而需要对其时社会生活状况了如指掌，并且抱有文化上的宽容态度。毕竟，比起诗词之可读、书法之可辨，对绘画作品的解读则并不容易。中国与茶有关的绘画作品大抵可分为两类：一类是在画面内容中出现了茶事场景，另一类是绘画作品本身即是以茶事活动作为主题。其中难以解读的不确定性主要出现在第一类作品中。

　　早在传为晋代顾恺之所绘的《列女仁智图》中，地上的杯盏即被认为表现了茶事的状态。而到了唐代，在传为阎立本所作的《萧翼赚兰亭图》和传为周昉所作的《调琴啜茗图》中，所展现出的茶事场景已然非常明确。《萧翼赚兰亭图》呈现之场景出自一个关于智盗书法名品的故事，图左下二仆正在煮茶，以备奉客。从中我们可以看到置茶于沸锅中的状态及各种煮茶与饮茶的用具，这些茶器具与在陕西法门寺地宫中所出土的唐朝宫廷茶器具有一定的呼应。我们可以想象，这番煮茶的场景在画家创作时的意图里面，除了构建画面空间，主要应该是用以茶侍客之礼仪作为背景叙事；若将这一幕从整个戏剧情节中抽离出来单独成画，又何尝不是"松花飘鼎泛，兰气入瓯轻"的山静日长。比起《萧翼赚兰亭图》的故事张力，《调琴啜茗图》表

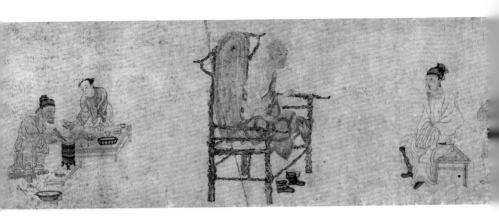

现的是平常生活中随意而优雅的一幕：贵族的女子调古琴、饮茗茶，无限慵懒闲适之情致。饮茶在此成为画中人的身份地位和审美品味的一个重要符号。

北宋徽宗赵佶的《文会图》可谓绘画史上极尽豪华之茶宴，画中风度更具时和岁稔之气象。考虑到古时茶会一般会择幽僻之所而人数精简，因此该图所反映出的饮茶及备茶的人数规模已然宏大，而巨榻上众多精美的茶具亦有可考之依据。徽宗朝之茶道骄傲空古绝今，"唐人所饮，不过草茶"；而徽宗本人是一位精茶道、善书画的文人皇帝，其创制的瘦金书体尤适题于工笔画上。值得注意的是，现存世的画作中并未见唐朝有如此大规模的茶会。尽管有人将藏于台北故宫博物院的《唐人宫乐图》当作大型茶宴题材，但我们并无法确知画中

所饮是茶或酒，并且就案上酒筹、羽觞、劝盏等器具及众女子神态看来，所饮为酒之合理性更胜。我们当然也不能排除历史流转中失传了唐代茶宴画卷，但到了宋代时上至皇帝而撰茶论、画茶宴并非偶然，虽然历朝贡茶皆有"天子须尝阳羡茶，百草不敢先开花"之权力意味，但是宋代商品经济和茶业制度之大幅进程，使得贡茶之工极具专业化和社会化，茶业融入民生之中，故而唐代文人"安得知百万亿苍生命，堕在巅崖受辛苦""便为谏议问苍生，到头还得苏息否"之哀叹，唐代官员因贡茶"动生千金费，日使万姓贫""悲嗟遍空山，草木为不春"而为民请命之激愤，转变成了宋代贡茶"盛世之清尚""草木之灵，得尽其用"之四海承平之骄傲。

北宋赵佶之《文会图》，藏于台北故宫博物院

唐佚名之《唐人宫乐图》，藏于台北故宫博物院

188

同样是描绘茶会题材的南宋宫廷画家刘松年的《撵茶图》，则在详细刻画了侍者备茶、主人饮茶的同时，展现了茶事绘画典型的静谧清幽之格。《文会图》与《撵茶图》为宫廷及贵族茶事生活之写照，它们比起文人茶事的生活化画卷，其中纲常礼仪的制度更为优先和明确；它们与《萧翼赚兰亭图》一样，且看在同一画面中，仆婢备茶和主客饮茶因拉开了物理空间上的距离而相对地各自独立。我们可以看出，即便受到其时社会礼法之拘，在茶汤品饮之前的茶叶准备亦是值得刻画的重要环节，对比宴饮图中则绝不会出现前期的庖厨之景。君子远庖厨，而茶之为饮则最宜精行俭德之人，这样的比较当然有失偏颇，但古人正是借由对君子品行修养的道德要求，将茶事放置在了以食为天之上。

　　元代赵孟頫的《斗茶图》是茶事绘画中少有的在内容上不行阳春白雪路线的代表。"斗茶"在各个朝代皆有之，当代的斗茶是每年产茶季对成品茶叶的评审比赛，历史上最为著名的斗茶则是宋徽宗率群臣之茗战。北宋的斗茶主要是泡茶技艺之斗，简单说来，将茶饼

南宋刘松年之《撵茶图》，藏于台北故宫博物院

189

香熏、掰碎并碾细后置入黑色的茶碗，注水后打出的白沫越多越白，则技艺越高。其中所谓咬盏，即是白沫泛到碗沿咬合碗口却不溢流，是斗茶技艺高超的表现；而又有"水丹青"之说，即让沫饽等在茶汤表面显现某一物象或意象之须臾。我们对茶汤沫饽之审美，早在西晋杜育之《荈赋》中即有"惟兹初成，沫沉华浮；焕如积雪，晔若春敷"之形容。而赵孟頫的《斗茶图》刻画了市井中四名茶贩左右两组进行烹茶比赛，通过斗茶展示自己的茶叶优于对方。除对人物姿态神情的传神刻画之外，我们也可以从中清晰地识读茶笼、茶炉、茶壶和茶碗等民间茶事用具。

　　明清时期亦有众多的茶事作品。和许多画作之传统一样，明代丁云鹏的《玉川煮茶图》及清代金农的《玉川先生煎茶图》均是以唐代茶人卢仝为母题所作。前者丁云鹏之作设色艳丽，玉川坐于芭蕉树下，持扇而目视茶炉，身后是茶壶等用具；一仆似提壶汲泉而去，一婢则

元赵孟頫之《斗茶图》，藏于台北故宫博物院

190

手捧茶盒而来。后者金农之作中，虽然同样是芭蕉背景，却设色淡雅而写意古拙；人物结构也相对简单，玉川坐于置一炉一罐一碗的矮几旁，而一仆正从泉中取水。如我们所知，明清时期主流的茶事已转换为泡饮之法，而此类怀古主题不减，这当然与其时社会心理与画家本人意趣有关，但亦可见纵经历史风雨飘摇，茶道已渐渐根深蒂固在了我们内心理想的诉求里。

如此可见，茶诗词、茶书法和茶事绘画三者皆在中国漫长的历史和朝代更迭中逐渐建立起了一个枝叶扶疏而根系繁芜的系统，其体量应为一系列专著之浩大。受本书体量所拘，此处仅仅是依照作者个人之视角选取了诗书画中的片光零羽与诸君讨论，希望没有太多畸轻畸重之过失，而作引玉之砖以提供哪怕微不足道之思路，以助诸君能再行独开生面。

明丁云鹏之《玉川煮茶图》，藏于北京故宫博物院

191

之九

禅思

茶禅一味的思想是茶道中禅学思想之核心，它直接将我们日常生活中最普通的饮茶行为与最内省的精神反观关联起来，让我们通过一碗有差别的茶汤去修习如何完成无差别的行为，并成全获取自由之可能性。

提到茶道中的禅学思想，人们大多会念及日本茶道。诚然，当大和民族将其传统宗教佛教和神道教融入平常生活中几近文化习俗时，禅的思想也便溶化在了日本人的举手投足中。禅的思想不光是日本茶道的思想内核，也是日本花道、香道、园林等艺术门类的内涵，之所以与茶道貌似联系更深，是因为日本在外交宣传上将茶道作为本土文化的首选之项。如同日本最主流的抹茶道来自宋代中国的点茶法一样，日本的禅学也溯源于宋代中国之禅宗思想。因本书体例故，本章并不系统论述精神范畴中的茶道，亦不专门讲解日本茶道中的禅学思想，而仅仅涉及普遍意义上与泡茶行为有直接关联的具有禅思意味的契机。

茶禅一味的思想是茶道中禅学思想之核心。明代《茶解》中言"山堂夜坐，手烹香茗，至水火相战，俨听松涛。倾泻入瓯，云光缥缈。一段幽趣，故难于俗人言"，尽管作者罗廪经由饮茶意象划界雅俗，我们最熟悉的却是"早起开门七件事，柴米油盐酱醋茶"。茶在中国人的心目中已然是老百姓生活里最平常的一个不可或缺之部分，而茶禅一味则直接将我们日常生活中最普通的饮茶行为与最内省的精神反观关联起来。这正是"生活即修行"思想藉由饮茶这一介质的智慧表现，旨在抱着平常之心而不懈怠地对待生活中的每一时刻和每一件小事。

　　茶禅一味思想之出现有一个开端和发展过程，唐代诗僧皎然即已谓茶之"稍与禅经近"，而茶禅一味思想最终成形于禅宗成为中国佛教主流的宋代。禅宗之修行追求顿悟，即在静思冥想的某一瞬间醍醐灌顶忽得佛法真谛。人们普遍认为僧人在坐禅时借助饮茶去困入静、辅助冥思，而在日常寺院生活中，僧人也通过饮茶来淡泊尘欲、消除杂念，如此由茶至法、由冲泡品饮茶汤通至冥想参悟禅机。正因如此，茶事在佛事仪式中发展出了一套重要的仪礼系统。当然，我们也应该看到历史的关联，即茶道在通过《茶经》得以完备的唐朝，就和佛家有着同音共律的紧密联系，而茶圣陆羽也正是出身空门。中国茶道在唐宋两代传入日本时，也是分别藉由鉴真和荣西两位高僧而率先在日本的佛寺僧侣中传播开来。

　　谈及茶禅一味，此中最知名的佛门公案"吃茶去"便不得不提。话说唐代赵州禅师处有僧人前来拜谒，赵州问："曾到此间？"答曰："曾到。"赵州说："吃茶去。"另日又有僧来访，赵州问："曾到此间？"答曰："未曾到。"赵州仍说："吃茶去。"一旁院主不明其故，便问曰："为何曾到、不曾到，皆吃茶去？"赵州叫了声院主的名字，院主应答一声后，赵州说："吃茶去。"此桩故事被认为是茶禅一味思想发展过程中的基础之一，赵州以法无定法之法阐释了茶禅一味。关于此吃茶去的禅机见仁见智，此处不赘言，正如佛语曰，不可说不可说，一说便是错。

而有研究认为"茶禅一味"之说发轫于湖南石门夹山寺，夹山寺有其产茶地理条件、以茶参禅之传统，亦存乎其茶禅一味之佛门公案。两宋之间的圆悟克勤禅师在主持夹山寺期间潜心修习茶禅之法，终明确提出"茶禅一味"并挥毫留下此四字墨宝。相传将"茶禅一味"之墨宝与精神，连同圆悟禅师之《碧岩录》一并带回日本的，正是撰写日本第一茶书《吃茶养生记》的荣西禅师。《吃茶养生记》成为了日本茶道之理论根基，而"茶禅一味"亦成为日本茶道思想之滥觞。圆悟禅师之墨宝至今仍然珍藏于日本奈良之大德寺。

茶禅一味的思想确与禅宗关系紧密，"半夜招僧至，孤吟对月烹"的夜月僧诗茶之意象深入人心。而僧院茶也往往承启历史之重，譬如唐中晚僧人间以沸水直接冲泡茶末之"泼茶法"衔接了宋之点法——"泼茶旋煎汤""旋破龙团泼乳花"皆写泼茶。尽管如此，但若我们认为茶中之禅仅仅与佛教有关则大谬不然。于中华民族几千年的宗教状况与文化习俗的关系中来看，尽管"禅"带有佛教禅宗的意味，但茶禅一味之"禅"于中国传统文化的意义远远超越了其狭义的宗教意味。中国人的宗教信仰古来今往一直处在一个非常含混的状态中，统而言之可以归结于：儒为本、道为用、求空门。即以儒家学说为立人之本，以道家法则为社会处事的方法论，而人生的最终追求是释家智慧和如何解脱。当然这样的归纳并不足以代表各个朝代和各个社会阶层的中国人，但它确是一个更接近中国文人理想的典型化人生准则。从这个视角来看，茶禅一味因为结合了无为与有为、出世与入世、礼仪人格、中庸和谐、天人合一等相反相似的思想而拥有了更富包容的内涵。

　　茶道中的禅思不应仅存于历史演绎和文化研究里，也当然不是只与茶道大师们有关，它生发于我们每一个人的日常生活中和每一次泡茶和品饮的行为中。如果能够通过泡茶来体验和感受生活常态，获得平静和释然，那么我们也就能够将这样的心理状态推及至生活中的其他布帛菽粟事里。

　　平常之心是我们在茶事中最容易体味到的禅思之一。每一天我们都可能会品饮到数杯不同的茶，自行冲泡，或是来自他人；也许因为我们在冲泡时接听了一个工作电话而使得茶汤过浓，也许别人奉上的茶汤是红茶而不是你偏爱常饮的绿茶，又或者你今天接触到的茶叶品质不如你期望的那么好。如果我们能因为爱茶而舍弃好恶之心，将过浓的茶汤用水稀释，尝试感受另一种不常饮的茶类，尽力将既有品质的茶叶冲泡到最好并享受它……那么这些心态和行为都是平凡生活中饮茶即禅的生活态度。

煮水之松声、烛火之跳动皆
可是茶事中禅

平等之心亦是我们通过泡茶所能学习到的另一番禅思。在泡茶行为中，由于每一道冲泡时茶叶所处的可溶出状态不一样，故而这一壶茶每一道茶汤的滋味不同，我们需要最大程度地表现出当下这道茶汤的最佳状态。之后我们将茶汤注入公道杯中，随后分予品饮者，这样便可以让每个人所喝到的茶汤浓度和味道相当。如果在旅途中，随身携带的简便茶具里并无公道杯，我们也可以找到尽量使茶汤浓度趋于一致的办法。若二人饮茶，那么茶壶中注入的沸水应是两杯之量（若冲泡干茶为乌龙茶等则要考量其较大的茶叶吸水量），出汤时先将第一杯注入半杯，再将第二杯注入满杯，最后返将第一杯之半继续注满。如果出汤动作保持良好的平稳性和连续性，那么这两杯茶汤的浓度就会趋近一致。同理，如果是四人饮茶，那么只需这样连续操作：第一杯注入四分之一，第二杯注入四分之二，第三杯注入四分之三，第四杯满杯；然后反方向按第三杯四分之一、第二杯四分之二、第一杯四分之三的顺序逐次注满即可。这样的分茶方法固然是巧思，但也是为了获得茶汤平等的精进之心，故而又何尝不是禅思呢？

茶席所能营造的极致空间
应是向内的空间

我们当然也能意识到，冲泡者全心营造并倾注在每一个杯盏里的平等茶汤，在每一个品饮者口舌间的味道却迥不侔矣，这关乎到品饮者的当下状态、感官敏锐性、习茶经验、个人偏好和审美风格等。因此事茶者尽心平等呈现同一的初衷，藉由茶汤转变成了接受者自由感受并获得差异的过程。万物不同而平等，其不同是生而存之，其平等则是我们的道德准则，面对不确定的差异亦能泰然尊重；将建立在此上的平等之心作为行为准则，才不是空泛之妄言。

除了平常心与平等心，我们在泡茶中所能修习的禅思无处不在，全然在于我们是否能够在最日常的举止之间和最寻常事物里获得内心滋养。譬如，我们在泡茶中左右手均衡操作，眼口鼻耳分工协合，均是为了在泡茶的进行中保持全面的状态，亦是可以推及至生活中的积极之心。予客人欣赏干茶之间，泡茶者自己也同时获得了对接下来所置茶量、水温和冲泡时间的预先判断，亦是可以推及至生活中未雨绸缪的留心之举。为客人奉上每一道茶汤后，都为自己留一杯品尝检验之前的冲泡判断是否准确，以便在下一道冲泡中做出调整，亦是可以推及至生活中观照自我并即时调整的习惯。而冲泡动作的连续进行、出汤时的不疾不徐，是冲泡者沉稳心态的写照，亦是可以推及至生活中淡然稳定的情绪养成。冲泡行为中茶器的取放和传递，可以表现出冲泡者对器具之物情，亦是可以推及至生活中的博爱宽厚之心。冲泡结束后，清理茶壶欣赏叶底，则是面对茶叶变化的一种怀念和坦然，亦是可以推及至生活中正视人生苍凉后还拥有感恩释怀的能力……总之，举不胜举而事事皆禅。

我们通过习茶和饮茶而完善自我的禅思，也只不过是活在当下的意识和获取自由的可能性。因为茶道并不是通达二者的独一途径，不同的爱好、性格、文化背景和宗教信仰的人会通过不同形式理解和实践活在当下和获得自由，茶道只是一种有着极宽阔度的方式。茶道的阔度在横向上体现为，在我们与茶道可疏可密的关系中，你可以选择用一种适宜的亲密程度将之与生活相连——你可以只有当餐厅提供免费茶水时才稍加饮茶甚至素日无茶，也可以无论在冥想之前还是在旅途中都与茶相伴——而在这两极的疏密关系下，我们和茶道的连接是了无差别的。茶道的阔度在纵向上体现在，它滑定在世俗生活与纯粹精神二者所连成的那条线上的任意一个点——可以在浮世喧嚣的街头只为解渴而用一个垢迹斑驳的容器牛饮下漂着尘土的大碗粗茶，也可以为了祭祀祈祝在幽赜逸群的茶席上冲泡一杯倾注全部心力的绝世佳茗——而在这两种极端的表象下，茶道精神的实现也毫无差别。通过每一次有差异的形式去完成无差别的行为，能让我们通过一碗茶汤修习如何舍去前后思虑而专注当下，并成全获取自由之可能性。

冥想或内观在于个体内在与外在宇宙的联结，一盏茶汤并不是其必需介质

之十 **传播**

与在千年历史长河里的纵向流传一样，茶叶在地理上的横向传播亦是逸趣横生。其中，中国茶道的精神性和仪式感借日本茶道发扬光大，而其变通性和生命力则由茶马古道纤悉尽显。

巴黎的中国茶叶店

茶叶在千年历史长河里的纵向流传是一件颇具趣味的事。从神农试茶的传说中进入现实与生活交汇后，茶叶在中国经历了唐朝煮茶、宋代点茶和明代泡茶这些创举式的不断变化。而在我们的东邻日本，情况则迥乎不同。日本茶界占据主导的抹茶道是自宋代中国传入日本后完整保留至今的点茶法，而日本的煎茶道严格说来是保留了唐代中国的蒸青制法并吸收了明代的泡饮法而成。从这个意义上来讲，中国茶道流变了历史，而日本茶道遵循了传统。

富士山下的绿茶园

　　同样，茶叶在地理上的横向传播亦是趣事，试举三例。其一，中国茶叶乃南方之嘉木也，目前中国最北的产茶地是山东省的崂山和日照，皆产与该地同名之绿茶，品饮起来有一股"我正甘眠愁日出，朝骑一马暮还归"的少年冲动。此二地的绿茶并非自古有之，而是20世纪南茶北引的成果，此番茶树之引种传播也成就了山东绿茶不羁不畏的独特性格。

　　其二，中国数朝古都北京以花茶闻名，老牌茶叶店传统上均是以茉莉花茶为主销。反观通常窨花茶并非饮茶之首选，为何却在京城大加流行？首先，熏花入茶之法自古有之，南宋宗室赵希鹄于《调燮类编》中即言"木樨、茉莉、玫瑰、蔷薇、兰蕙、橘花、栀子、木香、梅花皆可作茶"。对于北京言，古时受物流和储存技术之限，南方的茶叶跋涉运至后茶味氧化殆尽；加之北京饮用水来自西山岩溶地下水，质硬而泡茶不及，故熏花入茶以增味，北京的花茶传统也因此而延续了下来。

其三，印度红茶在当今世界的红茶市场中占有夺目的份额，但其两个孩子却是血统不一：阿萨姆红茶是印度的原生茶树和中国茶树之混育，而大吉岭地区的红茶却是直接引种自中国；当然，这两种红茶都是特殊历史阶段下的盗育行为所产。

除以上三例之外，中国茶道往日本的传播以及川滇黑茶经由茶马古道的传播值得分别叙述。

日本茶道

　　狭义上的日本茶道仅指抹茶道，它直接传承了中国宋代点茶法之形式，并在本土发展出了诸多仪礼和流派。广义上的日本茶道还包括煎茶道，其法和当代中国茶的泡饮形式一致，其杀青形式和抹茶一致，上可追溯至唐代茶饼制作时采用的蒸青杀青，而其冲泡方法则异于抹茶法，采取了明代推广的散茶泡饮形式。煎茶道在过去并不被日本人记入茶史，我们对它加以注意，一方面是因为煎茶和中国的泡茶形式一致，另一方面是在于煎茶是日常生活中日本人最普遍的饮茶形式。

　　日本茶道在其历史上每一次发展的推动力均来自中国茶道，换言之，正是中国茶道的不断自新成就了日本茶道之恪守传统。在日本平安时代，唐朝煮茶法的传入使得皇室、贵族及僧人等上层社会争相模仿大陆饮茶文化之风雅，贵族茶兴起；在日本镰仓、室町和安土桃山时代，宋代点茶法的传入使得日本本土兴起寺院茶、斗茶及书院茶，日本茶道自此基本成型；在日本江户时代，明朝泡茶法的传入刺激了日本茶道的成熟及流派的分化。在日本本土的茶道发展史上有三位最为重要的茶人，其中村田珠光可谓日本茶道之奠基者，而武野绍鸥承上启下，最终则由千利休集日本茶道之大成。本书此处并不专门系统讲述日本茶道，而是以中国茶道的视界为基准，对作为横向传播之结果的日本茶道做出相关性之比对。

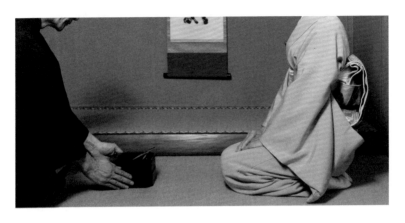

　　我们常常将流派的产生作为一种艺术形式趋于成熟的标志，比如日本茶道的诸多流，反观日本茶道的故乡中国，绵延了千年的中国茶道却并未有明确的流派产生。若深究根理，需要认识到中国茶道和日本茶道在关键点上的趋异：中国茶道的起点和最终表现目的都是茶汤本身，而日本茶道的起点和其最终表现是精神性外化出的各种形式感。故而冈仓天心的《茶之书》是以禅道、艺术、修为和哲思为主题的日本茶书，而本书则试图完善为一部以中国现代茶叶本体结构为出发点的习茶基础书。造成中日茶道区别的原因错综复杂，若从茶学发展的基础来看，中国产茶区之繁多、茶叶种类之繁多、茶叶制作工艺及冲泡品饮方法之不断革新，使得中国人首先关注的是茶叶和茶汤本身，而茶叶相对客观的特性使得茶人可以将其作为一个评判标准和习茶修行的驻足点。日本最初仅仅是学习和照搬中国茶道，且由于岛国之窄促，其产茶品种极为有限，因此他们在客观基础既定的情况下最大程度地发展了茶道在仪礼和精神上的部分。但是，这并不意味着中国茶道的精神性和艺术性有所偏弱，比起日本茶道本体的相对独立，中国茶道的精神内核渗透进了各种文化和艺术形式之中，可谓举手投足皆为茶，日本茶道在形式上的严格甚

至苛求在一定程度上反而是为中国茶道所摒弃的。

茶禅一味随着陆羽诞生了中国，中国人对待茶道的态度亦如安身立命，并不是单一化地追求禅，而同时有着儒家的情怀和道家的现实方法。在佛教传抵日本之初，日本人如此欣喜地观照佛教，犹如尚不能充分表达自我的孩童以天生的洞察和习得力学会了语言和说话。日本本土的泛神论加之于外来的禅宗，将此作为内核的纯粹追求使得日本茶道的宗教感和仪式性统领了全局。

例如，中国社会的主客之礼表达在茶道里，即对饮时主人必将茶席最好的面貌朝向客人，以示尊敬；日本则将主泡茶具的正面对着主泡者，其理由在于使用者与物之间的礼节即物情。还如，中国人喝茶时，习惯会将茶汤剩留些许，以求文雅及有余的寓意；而日本人反之，他们必定饮尽，以示对大自然的无上崇敬。还如，日本茶道不仅讲究人与物的礼节，甚至于物与物，即茶具与茶具之间，亦有其存在

日本茶室

的尺度、距离、运动轨迹，以及由此抽象开的美感和秩序性；而在中国茶道里，更趋摈弃刻意经营而去还原一种随意自然的美。还如，中国的茶事器具追求技艺精良，皇家风格巧夺天工，民间文人大巧若拙；而在日本茶道的器具理念里，却着意以自然化和质朴为标准，苛刻到连茶巾都制成不完全规则的形状，以便无法折叠完美。中国茶道用巧思去美化的每一个细节，却成了日本人原貌遵照的自然之道：

抹茶可点浓茶或薄茶

日本茶庭一角

水盛要有疤节，茶筅要留出缠绕的线头，茶室之柱可见虫眼……总之，中国茶道形式上的随意不拘，在日本茶道里则化为了意味深长的宗教内涵。概括而言，日本茶道是一种行为的完成，并且主、客、物都平等参与在了这一行为仪式中；而中国茶道是以茶汤为目的的实用艺术，并且中国人讲究君子和而不同，如同君臣父子夫妻的纲常伦理，故而传统上茶道的形式，也是聚合而不等同。

当古代中国的茶道传播至日本并落定繁盛以至成熟后，日本茶道的独立性和特有的美学气质与日彰显，现代中国的茶道很难再对日本茶道固守的体系风行草偃。在对日本茶道及日本园林、花道等相关艺术的描绘中，大家惯将侘び（音 Wabi）和寂び（音 Sabi）放在一起，复合为"侘寂"一词来描述这种独特的气质。其中侘び是直接创生于本土茶道的词汇，在冈仓天心以英文写作的《茶之书》中将其表达为imperfect（不完美），而这个释义显然是不能让东方读者得以满足的。对侘び的解释很难找到一个与其约等的词汇或一个相当的定义。若我们从反向的角度来理解侘び之理想的话，那么与之相斥的概念包括：空间上的拥塞、时间上的永恒、色彩上的繁丽、线面上的流畅、体积上的饱满、质感上的油滑、光线上的明耀、听觉上的喧张、韧度上的强势、物质上的富足、规界上的苛求、程度上的极致、轨迹上的圆满、印象上的震撼、分布上的均衡、技巧上的熟稔、选择上的驯化、统计上的从众……反之，一切相关于拙、涩、枯、暗、萎、慎、节、瘦、朴、贫、朽、野、尽等的意趣更趋近于侘び之诉求。在描述日本茶道及相关艺术给人的审美感受时，笔者还建议从一个比侘寂更具汉语思维的复合词语"肃怡"出发相以理解。这两个相反相成的汉字，前者是对日本茶道侘寂状态的抽炼写照，而后者是观照者对侘寂做出反应的心理感受，两字之间是一种词味相匹但感情色彩不顺承的因果关系。

冈仓天心的《茶之书》写于20世纪初期，在书中他认为喝茶对于晚近的中国人而言已消变成了仅仅品尝一个味道而已，国家长久的苦难使得中国人恭顺苍老，已然失去了可以全心投入的热情；中国人手中那杯茶，芳香依旧，却不再见唐时的浪漫，亦不见宋时的仪礼。在我们看来，如果冈仓天心能够转换角度，看到国家长久苦难亦未能黯淡中国人手中那杯茶的芳香，又或他能深谙千年流传的中国茶道正是在不断厘革中拥有了更多可能，那么他也许便不会局限于日本茶道专注趋微的视角去审视东方茶道的故乡。君不见，中国人手中那杯持捧了千年的茶，正是因为经历了长久苦难的沉淀，才于芬芳中愈得唐时的浪漫、宋时的仪礼和明时的精简。

茶马古道

　　茶马古道在文明史上的意义在于它打通了商贸往来和文化传播这两个领域的边界，而该意义的实现在很大程度上归功于茶叶是流通中的主要载体。茶马古道起源于唐宋以来的茶马互市，而茶马互市缘于内地少马而藏区缺茶，故而互市交易、相济互补。正是随着茶马互市的出现和发展，"晨兴理荒秽，带月荷锄归"的农耕民族与"逐水草而居"的游牧民族交换各自文明之产物，汉地和藏区的贸易逐渐稳定扩大并且系统化，得以出现了以青藏、川藏和滇藏三条大道为主线而构架成的庞大交通网络系统，也就是我们所谓的茶马古道。

　　提起茶马古道，亦会自然联想及丝绸之路。丝绸之路较之更负盛名，是因为这是一条更加国际化的路线，从长安一路西行，穿行欧亚，逾沙轶漠，最终将古代中国文明与希腊罗马文明连接了起来。而茶马古道虽然延伸至南亚诸国，但主要还是一条汉藏间民族化的路线。就这两条古代路线所运载的商品而言，丝绸之路涵盖了丝绸、瓷器、皮草、香料、玉石、植物、药材等不同类型的商品；而茶马古道虽然也涉及诸如此类的商品，但其始于茶马互市且一直以茶马为主要交易商品。不过茶马古道并不因此而逊色于丝绸之路，现有考古证据说明，茶马古道的实际年代远远早于丝绸之路，

只不过在唐代茶马互市及公主和亲之后才更加明朗化。茶马古道在交通技术上更被誉为世界历史上海拔最高的文明古道，它几乎横穿了有着世界屋脊之称的青藏高原，在旧时交通技术的限制下，其地形之复杂、道路之险峻可堪想象。

英国人欧内斯特·威尔逊（1876—1930）在20世纪初拍摄的茶马古道背茶夫

茶马古道亦曾穿越詹姆斯·希尔顿《消失的地平线》中所描绘的香格里拉

马帮是茶马古道上运送茶叶和货物的主要形式之一

茶马古道的形成，除外显的经济意义和文化意义之外，对古代中国在政治战略方面的意义亦不可小觑——边茶之政一直是中央政府羁縻政策中的重要一环。其一，中央政府一方面通过互市而加强与边疆之联系，并且获得战马增强自身军事力量。其二，以茶换马避免了直接给予边疆民族可以用来熔铸兵器的金属货币。其三，边疆民族在高寒缺氧之下须以高脂高糖入食，但他们不产茶且蔬菜缺乏，故而食肉为主之下需要大量内地之茶叶来消脂解燥。用现代观点而言，即是以茶之碱性中和肉食之酸性以获身体状态之平衡。因此当边疆不安或有扰攘之嫌时，中央政府往往可以不动一兵一卒便不战而胜，其百试不爽之策即是停运封茶。正如明人于《严茶议》中所谓："茶之为物，西域吐蕃，古今皆仰信之。以其腥肉之物，非茶不消，青稞之热，非茶不解，故不能不赖于此也。"此外我们也应了解，茶马古道不仅曾裨助古代中国，在近代民族抗战时期，与滇红创汇援战之意义一样，承载了军资物资补给的茶马古道亦是西南后方的生命通道。

　　以上茶马古道之种种貌似与茶叶本身并无深层关系，实际上无一不体现了饮茶习惯是何等地深入日常生活，以及茶文化亦成为民族心理构建的一部分。茶马古道所运送的茶叶主要是包括普洱在内的后发酵黑茶，边疆民族性格豪放、生活不拘，因此这些茶叶一般较内地流通之茶青更为粗老。当然，此等茶叶性状也和边疆民族将茶汤与奶、酥油等调和饮用有关，亦与栈山航海之旅途遥远需要保质有关。而茶马古道除险峻艰苦之外，也流传着饶有趣味的故事，比如很多人认为快速渥堆的工艺就是缘于在茶马古道的运输途中，当茶饼渗漏进雨水或者跋涉热湿地带时，茶叶便因此而迅速发酵。换言之，普洱熟茶的工艺来自意外的野外经验，这些说法听起来似乎可能却也不足为证。

由黑茶所制的酥油茶是藏区的日常饮品

215

同样是茶叶在地理上的横向传播，当东邻日本一丝不苟地继承了古代中国大陆文化的茶道方法时，茶马古道所蜿蜒触及的藏族人民则将汉地的黑茶充分地本土化，按自己的方法加工品饮。当日本在传承中国茶道并同时兼容了中国的禅宗思想时，藏区民族依然边喝着酥油茶边信奉着自己的藏传佛教。可见，茶马古道比起日本茶道的形式感，更注重了茶叶的切实功用。换言之，通过地理的横向传播，中国茶道的精神性和仪式感借日本茶道发扬光大，而其变通性和生命力则由茶马古道纤悉尽显。

后 记

《中国茶书》第一版因亦为海外版本所作，故其书写逻辑和文本结构尽可能考虑了外文翻译与表达之需要，书中所涉及之信息取舍和解读角度也悉力考量了跨文化之差异。总之，其时在整体上该书避免个人意气，确保形象易读的同时力求基础中正。

茶书于第二版增加了卷上"黄茶与白茶"章以齐备茶类，最新的此版增加了卷下"语境"章以筑基整体。因无须再刻意照顾非中文读者，故此二章之问题铺设和逻辑推动略突兀于其他章篇，但皆旨在从结构上完善本书。

回看前版，所存诸问题主要在于：其一，因外文版需要，诸多基础信息处理较为表现化，故对于中文版读者言可能赘述；而易因中西差异产生成见的地方也更加着力，于国内读者言则可能会矫枉过正。其二，经年后书中很多情况已然有所变化，如茶叶采制、包装、冲泡和形态等产生了新的技术和观念，茶叶的地理商标变化及其他市场行为等。针对以上，此版全书有所修正补遗，但均克制在既定架构内进行，不扰及原书体例。此为新版更迭之由来。机缘之外，更感谢众多师长和朋友相以埤助：

感谢我的导师、北京大学的朱青生教授为此书作序；感谢卢布尔雅那大学的 Jana Rosker、Natasa Vampelj 和守時なぎさ等老师曾将此书写作计为我的学分；感谢好友邵丁为此书相关章节创作书法作品；感谢为本书拍摄图片的韩政、杜雪梅、周金平、宋炜、杨红敏和周璎等朋友。

感谢此书第一版、北美版及欧洲版的策划编辑任远及其出版团队；感谢此书第二版、本次版本的责任编辑，清华大学出版社的周莉桦、刘一琳及其团队的工作。感谢他们对我这个极尽拖延的作者所给予的温暖包容。

新书修动之际，回望初版，方惊觉弹指声落已逾十载。此间世界迁变、死生瘝瘵事不胜，信然也，感喟唯无常乃常，尽于无言；唯愿诸君安然当下，于如寄岁月中常得酒余茶后之闲好。亦谢阅看，诚望不吝指教就中之舛误。

作者于甲辰年酣月